für Mona, Paul und Paula

Lieblingsrezepte

& Lieblings Rezepte

Genuss für Mensch & Hund

Ein Kochbuch von Natalie Dillitzer und Susanne Schumacher

Vorwort

Liebe Leserinnen und Leser,

mit unserem Kochbuch für Mensch & Hund laden wir Sie ein, Genuss zu entdecken und zu teilen. Wie schön kann es sein, nicht nur sich selbst, sondern auch zwei- und vierbeinigen Freunden etwas Gutes zu tun?

Als Tierärztinnen haben wir uns auf Ernährung spezialisiert. Wir beraten Halter zu Fragen der Fütterung und erstellen individuelle Ernährungspläne. Außerdem kochen wir leidenschaftlich gerne. Was also lag näher, dies einmal kreativ zu verbinden? Mit dem Buch möchten wir inspirieren und informieren.

Während eines gemeinsamen Kochabends, von begehrenden Hundeblicken begleitet, entstand die Idee: Wir schreiben unsere Lieblingsrezepte nieder und beziehen unsere Lieblinge mit ein.

Wir sahen in Rezeptkladden, in klassische und in moderne Kochbücher, in fremde Töpfe. Wir kochten, planten und genossen. Probierten unzählige Rezepte aus. Unsere liebsten haben wir aufgeschrieben. Sie stammen aus unterschiedlichen Quellen: viele von renommierten Köchen, andere von Freunden, einige nach unserer eigenen Phantasie und manche auch aus handschriftlichen Notizen, die den Ursprung eines Rezeptes im Dunkeln lassen.

Dafür möchten wir ein wenig Licht in die Hundeernährung bringen.
Welche Nahrungsmittel dürfen Mensch und Hund gemeinsam genießen und wo ist Vorsicht geboten? Aus den in den Menüs vorkommenden Zutaten haben wir Rezepte für Hunde entwickelt, die bekömmlich und ausgewogen sind.
Jedes Rezept haben wir nach aktuellen Bedarfszahlen für acht verschiedene Gewichtsklassen berechnet.

Wir fotografierten selbst. Ohne den Einsatz von Profis, teurer Ausrüstung oder Food-Design. Unsere Fotos sind ehrlich. So sieht es aus.

Wir wünschen Ihnen Freude beim Schmökern, Erfolg beim Kochen und Spaß beim Aufspüren Ihres ganz persönlichen Lieblingsrezeptes. Guten Appetit!

Ihre

Natalie Dillitzer & Susanne Schumacher

Unsere Menüs für Sie und Ihre Gäste sind für jeweils vier Personen gedacht. Eine Ausnahme stellen die Tartes und Kuchen dar, hiervon darf auch noch am nächsten Tag genascht werden.

Die Rezepte für den Hund decken den Tagesbedarf eines ausgewachsenen Hundes mit einem Körpergewicht von 25 kg. Im Anhang finden Sie wichtige Zubereitungshinweise sowie alle Rezepte für verschiedene Gewichtsklassen.

Schlanke Stangen – voller Geschmack. Ganz einfach

Grüner Spargel
mit Kräutermousse

Die Kräuter abbrausen, trocken tupfen und fein hacken | die Gelatine in kaltem Wasser einweichen | den Joghurt mit dem Frischkäse verrühren | die gehackten Kräuter und den Zitronenabrieb zugeben | mit Salz, Pfeffer und einer Prise Zucker würzen | den Zitronensaft erwärmen, darin die ausgedrückte Gelatine auflösen und unter die Frischkäsemasse rühren | einige Minuten kühl stellen | die Sahne steif schlagen und vorsichtig unterheben | die Kräutermousse mindestens drei Stunden kalt stellen

Vor dem Servieren die Spargelstangen putzen und halbieren (nicht schälen) | in einer Pfanne in Olivenöl kurz anbraten | mit Salz und Pfeffer würzen

Von der Mousse Nocken abstechen und zusammen mit dem warmen Spargel anrichten

Für den Spargel:
1 kg grüner Spargel
Olivenöl zum Anbraten

Für die Mousse:
3 kleine Bunde frische Kräuter
(Petersilie, Dill, Schnittlauch)
1 Frühlingszwiebel
3 Blatt weiße Gelatine
250 g Frischkäse
250 g Vollmilchjoghurt
2 EL Zitronensaft
Abrieb einer unbehandelten Zitrone
150 ml süße Sahne
Salz, Pfeffer, Zucker

Rinderfilet mit Rotwein-Thymian-Sauce und Kartoffelgratin

Für das Fleisch:
4 Rinderfiletsteaks, je etwa 4 cm dick
200 ml Rotwein, trocken
200 ml Rinderfond
1 TL gerebelter oder frischer Thymian
1 TL Honig
Salz, Pfeffer
Butterschmalz zum Braten
etwa 50 g Butter zum
Binden der Sauce

Für das Gratin:
1,2 kg Kartoffeln,
vorwiegend festkochend
500 ml süße Sahne
250 ml Vollmilch
15 g Butter
1 TL gerebelter oder frischer Thymian
Salz, Pfeffer, Cayennepfeffer, Muskat

Den Backofen auf 120 Grad vorheizen | Sahne, Milch und 10 g der Butter mit dem Thymian aufkochen | mit Salz, Pfeffer, Cayennepfeffer und Muskat würzen

Die Kartoffeln schälen und in feine Scheiben hobeln | mit Küchenpapier trockentupfen | eine große Gratinform mit der restlichen Butter ausreiben und die Kartoffelscheiben dachziegelartig einschichten | die Sahnemischung darüber gießen und das Gratin im unteren Drittel des Backofens 90 bis 120 Minuten garen | eventuell in der ersten Stunde der Garzeit mit Alufolie bedecken

Tipp: Es empfiehlt sich, mit der Zubereitung der Filets etwa 15 Minuten vor Garzeitende zu beginnen

Die Filetsteaks kalt abspülen und trocken tupfen | in einer Pfanne Butterschmalz erhitzen | die Filetsteaks von jeder Seite etwa 3-4 Minuten bei größerer Hitze anbraten | mit Salz und Pfeffer würzen | die Steaks in Alufolie wickeln und noch etwa 5 Minuten im Backofen nachgaren lassen | in der Zwischenzeit den Bratensatz mit Rotwein ablöschen, den Fond dazu geben und etwas einköcheln lassen | mit Thymian, Salz, Pfeffer und Honig abschmecken | die Sauce (nicht mehr köchelnd) mit kalten Butterstückchen binden

Gratin und Filets aus dem Backofen nehmen | den ausgetretenen Saft der Filets der Sauce zurückführen | Fleisch und Gratin auf vorgewärmten Tellern anrichten | mit der Sauce umspielen und sofort servieren

Rind liebt Rotwein

Nougatmousse
mit Erdbeersorbet

Für die Mousse:
300 ml süße Sahne
80 g Nougat
120 g Vollmilchkuvertüre
1 Prise Vanillezucker

Für das Sorbet:
900 g Erdbeeren
125 ml Saft von ausgepressten Limetten (der Saft einer Limette entspricht je nach Größe etwa 40 ml)
170 g feiner Zucker
250 ml Wasser

Für die Nougatmousse 100 ml der Sahne aufkochen | die feingehackte Kuvertüre und den zerkleinerten Nougat bei milder Hitze darin schmelzen | abkühlen lassen | die restliche Sahne mit einer Prise Vanillezucker steifschlagen | unter die abgekühlte Nougatmasse heben | für mindestens 5 Stunden kalt stellen

Für das Sorbet Wasser und Zucker langsam erhitzen, bis der Zucker vollständig gelöst ist | erst dann die Temperatur erhöhen und etwa eine Minute kochen | abkühlen lassen

850 g der Erdbeeren pürieren (50 g zum Dekorieren beiseite legen) | durch ein Sieb streichen | die Limetten auspressen und den Saft unter den abgekühlten Zuckersirup rühren | das Erdbeerpüree untermischen

Die Erdbeermasse in eine Metallschüssel füllen | zugedeckt in den Gefrierschrank stellen | in stündlichen Abständen etwa viermal mit einem Mixer oder Pürierstab durchrühren

Alternativ: In einer Eismaschine zu Sorbet gefrieren

Von der Nougatmousse und dem Sorbet mit zwei Esslöffeln Nocken ausstechen und zusammen mit halbierten Erdbeeren anrichten

Rot ist der Sommer.
Mit oder ohne Eismaschine

Rindfleisch mit Kartoffeln, Frischkäse und Kräutern

350 g Rinderhack oder Rindersuppenfleisch
230 g Kartoffeln
30 g Frischkäse
15 g Kräuter (Dill und Petersilie)
2 TL Öl (2/3 Distelöl, 1/3 Lachsöl)
8 g Vitamin Optimix Cooking

Die Kartoffeln schälen, sehr weich kochen und mit einer Gabel zerdrücken | das Rindfleisch in Stücke schneiden, garen oder in etwas Distelöl anbraten | mit den Kartoffeln vermengen | die gehackten Kräuter und das Öl mit dem Frischkäse verrühren und untermischen

Rindfleisch
Muskelfleisch vom Rind ist ein hochwertiger Eiweißlieferant und leicht verdaulich. Rindfleisch eignet sich auch zur Rohfütterung.
Hingegen darf **Schweinefleisch** wegen des Risikos einer Infektion mit dem Aujeszky-Virus nicht roh verfüttert werden. Die Rohfleischfütterung birgt ein erhöhtes Infektionsrisiko, so dass wir aus tierärztlicher Sicht empfehlen, jedes Fleisch grundsätzlich gegart oder leicht angebraten zu verfüttern.

Auch **Innereien** vom Rind eignen sich zur Fütterung. Jedoch ist zu beachten, dass bindegewebsreiche Teilstücke wie zum Beispiel Pansen oder Lunge schwerer verdaulich sind als Muskelfleisch und zu Blähungen führen können. Auch **Leber** sollte man sparsam (maximal 1g pro kg Köpergewicht pro Tag) verwenden, da aufgrund des hohen Gehaltes an Vitamin A leicht eine erhebliche Überversorgung erreicht werden kann. **Schlundfleisch** kann durch anhaftendes Schilddrüsengewebe aktive Hormone enthalten, die beim Haustier ungewollt wirksam werden können.

Kartoffeln
Kartoffeln sind eine für Hunde sehr gut verwertbare Kohlenhydratquelle und liefern wertvolles Kalium. Stärke ist ein gut verdaulicher Energielieferant; allerdings sollten Kartoffeln, ebenso wie **Reis** oder **Nudeln** sehr weich gekocht verfüttert werden.

TIPP
Kartoffeln, Nudeln und Reis jeweils 15 Minuten länger kochen als für den menschlichen Verzehr

Milchprodukte
Quark, Hüttenkäse, Joghurt, Frischkäse und weitere Milchprodukte liefern wertvolle Aminosäuren und Milchsäurebakterien, welche die Ausbildung gesunder Darmbakterien unterstützen.

Bei maßvollem Einsatz kann auch der Milchzucker, die Laktose, gut verdaut werden. Milch weist einen höheren Laktosegehalt auf als Quark, Joghurt oder Käse.

Bei Hunden ist im Gegensatz zu Menschen der Bedarf an Calcium nicht über Milchprodukte abzudecken. Denn der Calciumbedarf eines erwachsenen Hundes ist im Vergleich zu dem des Menschen (das gleiche Körpergewicht vorausgesetzt) etwa viermal so hoch, der eines heranwachsenden Hundes sogar fast zehnmal so hoch.

Kräuter

Kräuter wie **Petersilie, Dill** oder **Basilikum** dürfen in Maßen gefüttert werden, erfreuen sich bei Hunden jedoch häufig keiner großen Beliebtheit. Petersilie als Vitamin C-Lieferant zu geben, ist nicht erforderlich, da Hunde über eine Vitamin C-Eigensynthese verfügen (s. Menü 11).

Einige Kräuter, wie zum Beispiel Salbei, Rosmarin oder Thymian enthalten ätherische Öle und sollten nur sparsam verwendet werden.
Die pharmakologische Wirkung vieler Kräuter ist beim Hund nicht hinreichend untersucht, so dass grundsätzlich eher Vorsicht geboten ist.

Lauchgewächse (auch Schnittlauch), Zwiebelgewächse und Knoblauch dürfen nicht gefüttert werden (s. Menü 2).

Menü 2

Nudeln mit Crème fraîche und Kaviar

Seeteufelmedaillons mit grünen Bohnen
und Basilikumbutter

Honigmousse mit Brombeersauce

Seeteufel mit Nudeln,
Speck und grünen Bohnen

Raffinesse im Viertelstundentakt

Nudeln mit Crème fraîche und Kaviar

Wasser in einem großen Topf zum Kochen bringen | eine Prise Salz und etwas Öl zugeben | die Spaghetti darin bissfest kochen | über einem Sieb abgießen und etwa 2-3 EL des Kochwassers im Topf zurückbehalten | ¾ der Crème fraîche zugeben und verrühren | kräftig mit Salz und frischem Pfeffer aus der Mühle würzen | die abgetropften Spaghetti zurück in den Topf geben und mit der Sauce vermengen | etwa ¾ des Forellenkaviars vorsichtig unterheben | die Kaviarnudeln auf vorgewärmten Tellern anrichten und mit der restlichen Crème fraîche und dem Kaviar garnieren und sofort servieren

250 g Spaghetti oder Tagliatelle
300 g Crème fraîche
100 g Forellenkaviar
Öl, Salz,
schwarzer Pfeffer aus der Mühle

Seeteufelmedaillons mit grünen Bohnen und Basilikumbutter

Für die Medaillons:
600 g Seeteufelfilet (enthäutet)
1 EL Butter
Salz, weißer Pfeffer

Für das Gemüse:
400 g grüne Bohnen
70 g Frühstücksspeck
1 Frühlingszwiebel
1 Knoblauchzehe
2 EL Butter
Salz, weißer Pfeffer, Muskat

Für die Basilikumbutter:
250 g Butter
125 g frische Basilikumblätter (schmeckt mit frischem Basilikum besser)
Zitronensaft
Curry, Salz, Cayennepfeffer

Für die Basilikumbutter die zimmerwarme Butter mit einem Handrührgerät schaumig schlagen | mit Salz, Curry und Cayennepfeffer vorsichtig würzen | mit einigen Tropfen Zitronensaft abschmecken | die Basilikumblätter sehr fein hacken und untermengen

Die Bohnen putzen und mit kaltem Wasser abbrausen | in reichlich gesalzenem Wasser blanchieren | abgießen und in einer Schüssel mit Eiswasser abschrecken | in einem Sieb abtropfen lassen

Die Zwiebeln und den Knoblauch fein würfeln | den Frühstücksspeck in feine Streifen schneiden

Die Speckstreifen knusprig braten und auf Küchenpapier entfetten | das Seeteufelfilet kurz unter kaltem Wasser abbrausen und außerhalb des Kühlschrankes beiseite stellen, damit es Zimmertemperatur annimmt

In einer Sauteuse oder einer Pfanne mit hohem Rand die Butter erhitzen und die Zwiebeln mit dem Knoblauch andünsten | die Bohnen zufügen und bei größerer Hitze darin schwenken | mit Salz, weißem Pfeffer und Muskat würzen | zeitgleich die Basilikumbutter vorsichtig bei geringer Hitze erwärmen

Das Filet in etwa 2 cm dicke Medaillons schneiden | mit Salz und weißem Pfeffer würzen | in brutzelnder Butter von beiden Seiten kurz anbraten

Zum Anrichten die Basilikumbutter auf die Teller geben und die Medaillons darauf platzieren | die Bohnen hinzufügen und alles mit den knusprigen Speckstreifen bestreuen

Der Teufel steckt nicht im Detail:
keine Gräten im festen Fleisch

Beerenstarke Variationen

Honigmousse mit Brombeersauce

Für die Mousse:

200 ml süße Sahne
2 Blatt Gelatine
80 g Honig (etwa 4 EL)
4 Eigelbe

Für die Sauce:

200 g Brombeeren (oder Himbeeren)
Puderzucker
Zitronensaft
Mineralwasser

Die Sahne steif schlagen und kühl stellen | die Gelatine in kaltem Wasser einweichen | den Honig in einem Butterpfännchen bei milder Hitze verflüssigen und etwas abkühlen lassen | die Eigelbe zusammen mit dem Honig schaumig schlagen | die Gelatine ausdrücken und mit wenigen Tropfen Wasser bei milder Hitze auflösen | nach und nach unter die Ei-Honig-Masse rühren | die geschlagene Sahne unterheben | die Mousse für mindestens 3 Stunden kalt stellen

Tipp: Köstlich auch als Parfait: hierzu einige Stunden in einer verschließbaren Dose tiefgefrieren

Die Brombeeren kurz unter kaltem Wasser abspülen | einige Beeren für die Dekoration beiseitelegen | die übrigen Beeren in einem hohen Gefäß mit dem Handmixer pürieren | durch ein feines Sieb streichen | gesiebten Puderzucker (Menge je nach Süße der Beeren) hinzufügen | mit einigen Tropfen Zitronensaft aromatisieren | das Püree mit ein wenig Mineralwasser zu einer dickflüssigen Sauce verlängern

Tipp: Lecker auch mit Himbeeren

Von der Mousse Nocken abstechen (oder das Parfait in Scheiben schneiden) | mit der Fruchtsauce umspielen und mit den Beeren dekorieren

Seeteufel mit Nudeln, Speck und grünen Bohnen

100 g Spaghetti
(oder andere Nudelform)
250 g Seeteufel
150 g grüne Bohnen
110 g Speck
50 g Crème fraîche
2 TL Öl
(etwa 2/3 Distelöl und 1/3 Lachsöl)
8 g Vitamin Optimix Cooking

Die Nudeln sehr weich kochen und eventuell klein schneiden | die grünen Bohnen mindestens 20 Minuten lang kochen und halbieren oder vierteln | den Fisch und den Speck klein schneiden und in etwas Distelöl anbraten | Nudeln, Bohnen und Crème fraîche mischen | das restliche Öl zugeben | Seeteufel- und Speckstückchen untermengen

Fisch
Fisch liefert für den Hund hochwertiges Eiweiß, ist leicht verdaulich und kann auch bei Vorliegen einer Allergie eine geeignete Proteinquelle darstellen.

Die Gehalte an Jod, Vitamin D und Omega-3-Fettsäuren unterscheiden sich erheblich, insbesondere auch diejenigen von Süßwasser- und von Meeresfischen. Besonders reich an wertvollen Omega-3-Fettsäuren und an Vitamin D ist Lachs (s. Menü 12).

Die meisten Fische enthalten das Enzym Thiaminase, welches Vitamin B1 spaltet und somit unwirksam macht. Das Enzym wird durch Erhitzen zerstört. Aus diesem Grund sollte Fisch nicht roh gefüttert werden.

Bohnen
Bohnen dürfen gerne gefüttert werden, jedoch auch diese nur in gekochtem Zustand. Das in rohen Bohnen enthaltene Phasin ist weder für Mensch noch Hund verträglich.

Hülsenfrüchte enthalten im Vergleich zu anderen Gemüsesorten mehr Eiweiß und zudem Mehrfachzucker, die im Verdauungstrakt abgebaut werden müssen. Allzu große Mengen an Bohnen (und auch Erbsen) können daher zu Verdauungsstörungen führen (s. Menü 6).

Zwiebeln und Knoblauch
Zwiebeln und Knoblauch dürfen weder gekocht noch roh verwendet werden. Die enthaltenen Stoffe N-Propyldisulfid und Allicin können beim Hund die roten Blutkörperchen zerstören und damit zu schwerer Blutarmut führen. Grundsätzlich sind Zwiebel- und Lauchgewächse unverträglich für Hunde und sollten nicht auf ihren Speiseplan kommen.

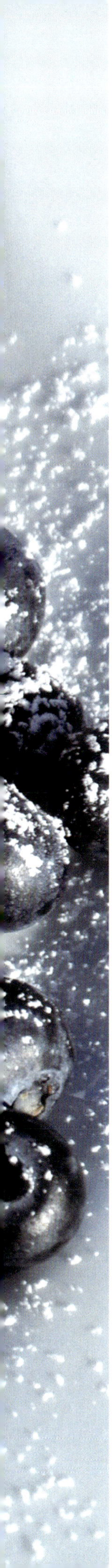

Menü 3

Brotsalat mit Rucola und Kirschtomaten

Butternusskürbis-Tarte

Blaubeerpfannkuchen

Kürbis mit Ei, Brot und Käse

Knusprig-frischer Gruß aus Bella Italia

Brotsalat mit Rucola und Kirschtomaten

Das Roggenbaguette in etwa 2 cm große Würfel schneiden | in einer Pfanne reichlich Olivenöl erhitzen und die Brotwürfel darin kross anbraten

Rucola, Kräuter und Tomaten waschen | die Kräuter fein hacken und die Kirschtomaten halbieren | Tomaten und Kräuter mit dem Rucola vermengen

Für das Dressing Essig, Zitronensaft und Honig verrühren | mit Chiliflocken, Salz und Pfeffer würzen | das Öl zugeben

Vor dem Servieren die Brotwürfel und das Dressing unter den Salat mischen

Für den Salat:
160 g Roggenbaguette
oder Roggenbrötchen
etwa 7 EL Olivenöl
300 g Kirschtomaten
100 g Rucola
10 große Blätter Basilikum
½ Bund Petersilie

Für das Dressing:
4 EL Olivenöl
1 EL Weißweinessig
Saft einer halben Zitrone
1 ½ TL Honig
½ TL Chiliflocken
Salz, Pfeffer

Butternusskürbis-Tarte

Für den Teig:
125 g Weizenmehl
125 g Dinkelmehl
125 g Butter
1 Eigelb
1 TL Meersalz
einige Zweige Thymian
(getrocknete Hülsenfrüchte zum Blindbacken)

Für die Füllung:
1 Butternusskürbis (etwa 600-700 g)
150 g Grünkohl (Wintergemüse, alternativ Wirsing)
300 ml Mandelmilch
150 g Gruyère
3 Eier
1 rote Zwiebel
Olivenöl zum Anbraten
¼ Muskatnuss
Meersalz, Pfeffer

Für den Teig die beiden Mehlsorten mit dem Meersalz und den grob gehackten Thymianblättchen mischen | die Butter in kleine Stücke schneiden und zugeben | alles zu einem krümeligen Teig verarbeiten | 4-6 EL eiskaltes Wasser nach und nach zugeben und mit Hilfe eines Holzlöffels oder kühlen Händen einen glatten Teig herstellen | den Teig zu einer Scheibe formen, in Folie oder Backpapier wickeln und mindestens 30 Minuten kühl stellen

Den Backofen auf 200 Grad vorheizen | den Teig auf einer mit Mehl bestäubten Fläche zu einem Kreis ausrollen | der Durchmesser der Teigplatte sollte etwa 8 cm größer sein als derjenige der Backform | in eine gebutterte Form (Tarteform mit Hebeboden oder Springform) einpassen und einen etwa 4 cm hohen Rand modellieren | weitere 10 Minuten kühl stellen

Den Teig mit Backpapier auslegen und mit Blindbackgut (getrocknete Bohnen, Erbsen oder Linsen, auch roher Reis) füllen | 15 Minuten vorbacken | Papier und Hülsenfrüchte entfernen | den Boden mit dem verquirlten Eigelb bestreichen und weitere 10 Minuten backen

Für die Füllung die Zwiebel schälen und in hauchfeine Scheiben schneiden | den Kürbis schälen, entkernen und grob raspeln | die Grünkohlblätter oder den Wirsing (ohne Mittelrippe) in feine Streifen schneiden | in einer großen Pfanne etwas Olivenöl erhitzen und die Zwiebelscheiben etwa 10 Minuten lang andünsten | Kürbis und Grünkohl zugeben und weitere 5-10 Minuten anbraten | mit Salz und Pfeffer kräftig würzen und abkühlen lassen

Die Eier verquirlen und die Mandelmilch unterrühren | den geriebenen Gruyère zugeben und kräftig mit Muskat (etwa ¼ Nuss), Salz und Pfeffer würzen

Köstlich auch als Partysnack

Wenn die Gemüsemischung abgekühlt ist, die Eiermilch darüber gießen und gut durchmischen | die Füllung auf den Teig geben, glatt streichen und noch etwa 35 Minuten backen | den Rand von der Form lösen und kurz abkühlen lassen | in Stücke schneiden und vielleicht mit einem Thymianzweiglein garniert servieren

Tipp: Als Partysnack die doppelte Menge zubereiten, in einem tiefen Backblech backen und in kleine Quadrate schneiden. Auch kalt unvergleichlich lecker

Blaubeerpfannkuchen

250 g Heidelbeeren
(frisch oder tiefgefroren)

25 g Butter
1 Ei
175 ml Milch
125 g Mehl
30 g saure Sahne
5 TL Zucker
1 Prise Salz
½ Vanilleschote
Butterschmalz zum Ausbacken
Puderzucker zum Bestäuben

In einem Butterpfännchen die Butter aufschäumen, leicht bräunen und abkühlen lassen | das Ei trennen | in einer Schüssel das Mehl mit der Milch, dem Eigelb, der sauren Sahne, der flüssigen Butter und 1 TL Zucker zu einem glatten Teig verrühren | mit dem Mark der Vanilleschote aromatisieren | mindestens 30 Minuten quellen lassen | das Eiweiß zu steifem Schnee schlagen und unterheben

Butterschmalz in einer kleinen Pfanne (16 cm Durchmesser) erhitzen | ½ TL Zucker hineinstreuen | ein Viertel des Teiges in die Pfanne füllen | etwa 40-50 g Blaubeeren (frisch oder aufgetaut) in den noch flüssigen Teig legen | goldbraun backen | vor dem Wenden die Oberseite mit dem restlichen Zucker bestreuen | fertig backen und warmstellen, bis die übrigen Pfannkuchen gebacken sind | die Pfannkuchen mit der „Beerenseite" nach oben anrichten | mit den restlichen Beeren dekorieren und mit Puderzucker bestäuben

Ein Klassiker wie ...

... aus dem Märchenbuch

Eine erfrischende Fruchtidee

Melonen-Feta-Salat

mit Brombeeren

1 Salatgurke
½ Honigmelone
250 g Brombeeren
(frisch oder tiefgefroren)
150 g Feta
½ Bund Minze
1 EL Weißweinessig
2 EL Sonnenblumenöl
Salz, Pfeffer

Die Gurke schälen, der Länge nach halbieren und die Kerne mit einem Teelöffel herausschaben | das Fruchtfleisch in halbe Ringe schneiden | die Melone schälen, die Kerne entfernen und die Frucht in Stückchen schneiden | den Feta würfeln | Gurke, Melone und Feta mischen

Für das Dressing Essig und Öl verrühren und mit Salz und frisch gemahlenem Pfeffer abschmecken | die Minze abspülen und trocken tupfen | wenige Blätter zum Dekorieren beiseite legen und die restlichen Blätter hacken | die Beeren waschen und abtropfen lassen

Das Dressing unter den Gurken-Melonen-Feta-Salat mischen und die Minzblätter darüber streuen | die Brombeeren vorsichtig unterheben | mit der restlichen Minze anrichten

Chicken-Curry

in Erdnuss-Sauce

800 g Hähnchenbrustfilet
300 g breite Reisnudeln

2 rote Paprikaschoten
100 g Mungobohnensprossen
½ Bund Koriander

50 g frischer Ingwer
½ Knoblauchzehe
1 Limette, unbehandelt
2 Zweige Thai-Basilikum
125 g geröstete und gesalzene Erdnüsse
4 EL brauner Zucker
3 EL rote Currypaste

3 EL Ketjap manis (süße Sojasauce)
800 ml Geflügelfond
1 EL Speisestärke
10 EL Olivenöl

Den Ingwer schälen und fein würfeln | den Knoblauch hacken | die Limettenschale abreiben und 4 EL Saft auspressen | die Blätter des Thai-Basilikums abspülen und grob hacken | alles mischen und zusammen mit den Erdnüssen, dem braunen Zucker und der Currypaste fein pürieren

Diese Gewürzpaste in einem großen flachen Topf in etwa 2 EL Olivenöl kräftig andünsten | die Sojasauce unterrühren | mit dem Fond auffüllen und etwa 10 Minuten milde köcheln lassen | die Stärke mit etwas kaltem Wasser anrühren, in die Sauce geben und unter Rühren noch einmal kurz aufkochen

Das Hähnchenfleisch in etwa 3-4 cm große Würfel schneiden | in einer großen Pfanne 3 EL Olivenöl erhitzen und die Hälfte des Fleisches bei starker Hitze rundherum anbraten | das Fleisch herausnehmen und mit dem übrigen Fleisch ebenso verfahren | die gebratenen Fleischwürfel in die Sauce geben und kurz aufkochen

Die Paprikaschoten halbieren, entkernen und längs in dünne Streifen schneiden | die Sprossen in einem Sieb unter fließend kaltem Wasser abbrausen und trocken tupfen

In der Pfanne, in der zuvor das Fleisch gebraten wurde, 2 EL Olivenöl erhitzen | die Paprikastreifen darin unter Schwenken etwa 3 Minuten knackig garen | die Sprossen zum Schluss zugeben und kurz mitschwenken | leicht salzen | den Koriander grob hacken (einige Blätter zurückbehalten) und auf dem Gemüse verteilen

Die Nudeln nach Anweisung zubereiten | zusammen mit dem Curry und dem Gemüse anrichten | mit etwas Koriander dekorieren

Feurig! Für einen milderen Geschmack weniger Currypaste und Ingwer verwenden, so mögen es Kinder oft lieber

*Vanilleeis einmal selbst zu machen lohnt sich,
am besten gleich die doppelte Menge*

Vanilleeis mit Karamell

Für das Vanilleeis:
250 ml süße Sahne
125 ml Vollmilch
75 g feiner Zucker
3 Eigelbe
1 Vanilleschote

Für die Karamellsauce:
125 ml süße Sahne
75 g brauner Zucker

Für das Eis die Sahne mit der Milch, dem Vanillemark und der Vanilleschote bei mittlerer Temperatur unter Rühren erhitzen (nicht kochen) | etwas abkühlen lassen und die Schote entfernen | die Eigelbe und den Zucker mit einem Rührgerät zu einer dicken, hellen Creme schlagen | die Milchmischung nach und nach unter die Eiercreme rühren | zurück in den Topf füllen und bei milder Temperatur unter Rühren eindicken lassen | abkühlen

Entweder in einer Eismaschine gefrieren oder aber in eine Metallschüssel füllen, zugedeckt in den Tiefkühler stellen und dreimal in stündlichem Abstand mit dem Mixer aufschlagen

Für die Karamellsauce den Rahm mit dem Zucker bei milder Temperatur so lange rühren, bis der Zucker vollständig aufgelöst ist | die Temperatur erhöhen und etwa 8-10 Minuten köcheln | abkühlen lassen

Tipp: Die Mengen sind reichlich bemessen, die Sauce lässt sich einige Tage im Kühlschrank aufbewahren und das Eis ohnehin. Als Dessert für 4 Personen reichen auch die halben Mengen

Hühnchen mit Reisnudeln und Gemüse

270 g Hühnerbrustfilet
45 g Reisnudeln
70 g Fetakäse
50 g Salatgurke
50 g Paprikaschote
10 g Erdnüsse
(möglichst ungesalzen)
2 TL Öl
(etwa 2/3 Distelöl und 1/3 Lachsöl)
8 g Vitamin Optimix Cooking

Das Hühnerbrustfilet in Würfel schneiden und garen oder anbraten | die Reisnudeln 10 Minuten länger als auf der Packung angegeben kochen | die Salatgurke schälen und raspeln, die Paprikaschote von Stielansatz und Kernen befreien und kleinschneiden | den Feta würfeln und mit den übrigen Zutaten vermengen | die Erdnüsse mahlen und zusammen mit dem Öl untermischen

Hühnerfleisch
Wie andere Fleischsorten auch, weist Hühnerfleisch eine hohe Verdaulichkeit und eine günstige Aminosäurenzusammensetzung auf.

Zudem ist Fleisch von **Huhn** und **Pute (Truthahn)** vergleichsweise mager, so dass es sich zur Fütterung von zu Übergewicht neigenden Hunden eignet. Einen besonders niedrigen Fettgehalt weist jeweils das Bruststück auf.

Der Eisengehalt hingegen liegt unter demjenigen vieler anderer Fleischsorten.

Geflügelfleisch kommt auch bei der Rohfütterung zum Einsatz. Aus tierärztlicher Sicht empfehlen wir aufgrund des Infektionsrisikos (z.B. mit Salmonellen), dieses Fleisch gegart oder angebraten zu verfüttern.

Feta
Der aus Schafsmilch (gelegentlich auch aus Ziegenmilch) gewonnene Fetakäse stellt im Prinzip eine für Hunde geeignete Proteinquelle dar. Allerdings weist Feta, welcher in Salzlake reift, einen vergleichsweise hohen Natriumgehalt auf. Daher ist bei der Verfütterung an ältere sowie an herz- oder nierenkranke Hunde Vorsicht geboten.

TIPP
In der Vorspeise des Menüs sind neben Feta auch Gurke, Honigmelone und Brombeeren enthalten. Nicht jedes Hundes Vorliebe, aber es darf davon genascht werden

Nudeln mit Rote Beete-Sauce

Die Rote Beete schälen | für die Dekoration aus einer dünnen Scheibe feine Streifen herstellen | den Rest in etwa 3 cm große Würfel schneiden | in einem weiten Topf die Butter schmelzen und die Rote Beete-Würfel darin andünsten | den Fond darüber gießen, so dass die Würfel knapp bedeckt sind | etwa 20-30 Minuten köcheln lassen | vom Herd nehmen und pürieren | die Sahne unterrühren und mit Salz, Pfeffer und etwas Muskat abschmecken | den Meerrettich schälen, fein reiben und zugeben

Die Nudeln kochen und abgießen | mit der Sauce anrichten und den Rote Beete-Streifen dekorieren

500 g Rote Beete, frisch
150-200 ml Gemüsefond
150 ml süße Sahne
60 g Meerrettich, frisch
2 EL Butter
Salz, Pfeffer, Muskat

250 g Bandnudeln

Der Meerrettich verleiht die gewünschte Schärfe

Reh mit Apfelgratin

Für das Apfelgratin:
4 feste, große, säuerliche Äpfel
1 Zitrone
250 ml süße Sahne
250 g Crème fraîche
etwas Butter für die Form

Für das Fleisch:
1 kg schieres Rehfleisch aus der Keule
reichlich Butter zum Braten

Für die Sauce:
700 g Wildreste und -knochen
100 g durchwachsener Speck
Olivenöl zum Anbraten
500 ml Wildfond
500 ml Rotwein, trocken
1 Bund Suppengrün
1 EL Tomatenmark
1 Zwiebel
1 Lorbeerblatt
1 TL schwarze Pfefferkörner
1 TL Wacholderbeeren
1 EL Essig oder Balsamico-Creme
1-2 TL Senf
50 ml Madeira
50-100 g Butter
zum Binden der Sauce
Salz, Pfeffer

Für die Sauce in einem großen Topf den geschnittenen Speck und die Wildabfälle in etwas Olivenöl scharf anbraten | Suppengrün und Tomatenmark zugeben und mit Rotwein und Fond sowie 300-400 ml Wasser aufgießen | Lorbeerblatt, Pfefferkörner und Wacholderbeeren zugeben | die Saucengrundlage etwa 2 Stunden in offenem Topf köcheln lassen | abkühlen und eventuell entfetten (lässt sich auch am Tag zuvor gut vorbereiten)

Zur Vollendung die Sauce noch einmal aufkochen und etwas reduzieren | mit Senf, Essig, Madeira, Salz und Pfeffer abschmecken | die Temperatur zurückschalten und mit kalten Butterstücken binden

Tipp: Das Binden von Saucen gelingt besonders gut mit kleinen Butterkugeln aus Mehl und Butter, die man gut im Gefrierschrank bevorraten kann. Aber auch die Verwendung von Speisestärke ist kein Fauxpas

Für das Gratin die Äpfel schälen und die Kerngehäuse ausstechen | in etwa 2-3 mm dünne Scheiben schneiden oder hobeln und mit Zitronensaft beträufeln | dachziegelartig in eine gebutterte, feuerfeste Form schichten | Sahne mit Crème fraîche verrühren und leicht salzen und pfeffern | die Apfelscheiben mit der Sahnemischung bedecken | bei 180 Grad etwa 20 Minuten bis zu goldgelber Färbung backen

Ein wahres Festessen

Das Rehfleisch von allen Häuten befreien und kurz vor dem Braten in etwa 3 cm große Würfel schneiden | in einer großen Pfanne reichlich Butter erhitzen und die Rehwürfel vorsichtig bei nicht zu großer Hitze 4-5 Minuten braten (sie sollen beim Durchschneiden innen noch rosa sein)

Rehwürfel und Apfelgratin auf vorgewärmten Tellern anrichten und mit der vollendeten Sauce umspielen | eventuell mit Preiselbeeren garnieren

Die Vollendung jedes winterlichen Festmenüs

Zimtparfait
mit Rotweinpflaumen

Für das Zimtparfait:

5 Eigelbe
100 g Zucker
1 gehäufter TL Zimt
1-2 EL Cognac
400 ml süße Sahne

Für die Rotweinpflaumen:

200 g Trockenpflaumen
250 ml Rotwein, trocken
250 ml Wasser
3 EL Honig
1 TL bittere Orangenmarmelade

Für das Parfait die Eigelbe mit dem Zucker und dem Zimt schaumig schlagen bis der Zucker vollständig gelöst und eine dicke Creme entstanden ist | den Cognac unterrühren und die steif geschlagene Sahne unterheben | in ein verschließbares Gefäß füllen und mindestens 5 Stunden tiefgefrieren

Tipp: Die Rotweinpflaumen am besten 1-2 Tage vorher zubereiten

250 ml Wasser mit 3 EL Honig verrühren und zu einem Sirup einkochen lassen | die Trockenpflaumen in ein weites Gefäß legen und mit dem Sirup übergießen | die bittere Orangenmarmelade (oder auch in feinste Streifen geschnittene Orangenschale) mit dem Rotwein vermischen und über die eingelegten Pflaumen geben | abdecken und möglichst 1-2 Tage ziehen lassen

Das Parfait zusammen mit den Pflaumen und der Rotweinsauce anrichten

Wild mit Nudeln, Ei und Rote Beete

400 g Wildfleisch
100 g Nudeln
100 g Suppengemüse
(Möhren und Sellerie)
50 g Rote Beete
2 Eiweiße
2 TL Öl
(etwa 2/3 Distelöl und 1/3 Lachsöl)
8 g Vitamin Optimix Cooking

Das Wildfleisch klein schneiden und garen | die Nudeln sehr weich kochen | das Suppengemüse (ohne Lauch) schälen und klein schneiden, die Rote Beete würfeln | das Gemüse garen | die Eiweiße in etwas Distelöl anbraten und mit den übrigen Komponenten mischen

Wildfleisch

Wildfleisch darf als hochwertige Eiweißquelle sehr gerne verwendet werden. Eine allzu große Vielfalt an verschiedenen Fleischsorten anzubieten, ist jedoch nicht erforderlich. Die Nährstoffgehalte in Fleisch, wie zum Beispiel die Gehalte an Mineralstoffen oder Vitaminen, sind vergleichbar. Nur die Fett- und somit die Kaloriengehalte sind sehr unterschiedlich.

Ein Argument für die Beschränkung der Fleisch-Auswahl: Entwickelt sich eine Futtermittelallergie, ist es häufig erforderlich, eine „neue", dem Immunsystem noch unbekannte Eiweißquelle einzuführen. Das ist schwierig, wenn bereits im Vorfeld zahlreiche verschiedene Fleischsorten gefüttert wurden.

Knochen

Die Fütterung von Knochen birgt einige Risiken. Die Aufnahme von Calcium und Phosphor ist schwer zu kalkulieren, die Gehalte von beispielsweise Hühnerhälsen und Kalbsbrustknochen sind sehr unterschiedlich. Eine erhebliche Fehlversorgung mit diesen Mineralstoffen kann die Folge sein und gesundheitliche Störungen hervorrufen. Dies ist vor allem beim heranwachsenden Hund zu beachten, um seine Skelettentwicklung keinesfalls zu beeinträchtigen.

Zum anderen kann Knochenfütterung zu Verstopfung führen und Verletzungen im Verdauungstrakt verursachen. Auch Zahnfrakturen sind keine Seltenheit.

Um das Kaubedürfnis zu stillen, gibt es gute Alternativen zu Knochen wie beispielsweise **Kauwurzeln, Möhren** oder auch **Brotkanten**.

Rote Beete

Rote Beete darf gerne gelegentlich auf dem Speiseplan stehen. Wenn sie gekocht angeboten wird, ist sie leichter verdaulich und wird auch meist lieber gefressen.

Rote Beete zählt, ebenso wie **Spinat** und **Rhabarber,** zu den Nahrungsmitteln mit besonders hohen Gehalten an Oxalsäure. Die regelmäßige Aufnahme großer Mengen an oxalsäurehaltigen Nahrungsmitteln kann die Entstehung von Harnsteinen begünstigen. Gelegentlich verwendet ist Rote Beete jedoch ein gesunder Genuss.

Bei Hunden, bei denen bereits Oxalatharnsteine nachgewiesen wurden, sollte hingegen auf die Fütterung von Roter Beete, Spinat und Rhabarber verzichtet werden.

Menü 6

Kichererbsensalat mit Ziegenfrischkäse

Kalbsgeschnetzeltes mit
Pfifferlingen und Brezelknödeln

Rhabarber-Tarte-Tatin mit marinierten Erdbeeren

Kalbsschnitzel
mit Ziegenfrischkäse und Kichererbsen

Minze und Orange für den exotischen Frischekick

Kichererbsensalat

mit Ziegenfrischkäse

Minze und Petersilie waschen, trockentupfen, die Blätter abpflücken und nur grob hacken | die Kichererbsen abspülen und abtropfen lassen | die Zwiebeln schälen und in feine halbe Ringe schneiden | die Paprikaschoten vierteln und entkernen | 1 EL kohlensäurehaltiges Mineralwasser in eine beschichtete Pfanne geben | die Paprikastücke mit der Hautseite nach unten bei großer Hitze 3 Minuten darin rösten | wenden und eine weitere Minute rösten | bei niedriger Temperatur und mit Deckel noch 3 Minuten dünsten | den Saft einer halben Orange auspressen | die übrigen Orangen filetieren

Für das Dressing den Orangensaft mit dem Essig, dem Tomatenmark und dem Sirup verrühren und mit Salz und Cayennepfeffer würzen

Die Kichererbsen, die Zwiebelringe, die gerösteten Paprika und die Orangenfilets mit den Kräutern mischen | das Dressing unterrühren und mit dem Ziegenfrischkäse anrichten

400 g Kichererbsen (Dose)
300 g rote Paprika
(etwa 1 ½ Schoten)
4 Orangen
2 rote Zwiebeln
1 Bund Petersilie
1 Bund Minze
4 EL Rotweinessig
4 TL Tomatenmark
2 EL Agavensirup
1 TL Kreuzkümmel
1 TL Rosenpaprika
3 Prisen Oregano
Salz, Cayennepfeffer

150 g Ziegenfrischkäse (z.B. Rolle)

Karamell: Übung macht den Meister

Rhabarber-Tarte-Tatin

mit marinierten Erdbeeren

Für die Tarte-Tatin:
100 g Blätterteig
(aufgetaut und zu einem
Rechteck ausgewellt oder
Blätterteigrolle aus dem Kühlregal)
175 g Zucker
2 EL kaltes Wasser
50 g Butter
900 g Rhabarber
(geputzt und in Stücke geschnitten)

Für die marinierten Erdbeeren:
500 g Erdbeeren
1-2 EL Zucker
1-2 EL Zitronensaft

Den Rhabarber schälen und in Stücke schneiden | den Backofen auf 200 Grad vorheizen | die Butter würfeln und kalt stellen

Für das Karamell den Zucker mit dem kalten Wasser in einer Pfanne bei milder Hitze erwärmen und den Zucker mit einem Holzlöffel unter Rühren auflösen | langsam zum Kochen bringen und etwa 9 Minuten ohne zu rühren leise köcheln lassen | in der letzten Minute die Temperatur höher stellen und rühren, bis sich der Sirup leicht braun färbt | die Butter zugeben und unter Rühren auflösen

Die Karamellmasse unverzüglich in eine gebutterte, eckige (etwa 20 x 30 cm große) Backform gießen und die Rhabarberstücke darauf platzieren. Die etwas überstehende Blätterteigdecke darauf legen und die Ränder nach unten zwischen Rhabarber und Rand der Backform einschlagen | einige Male mit einer Gabel einstechen | etwa 30-40 Minuten backen bis der Teig aufgegangen und goldbraun gefärbt ist | kurz abkühlen lassen und die Ränder vorsichtig von der Form lösen | die Tarte stürzen und in Stücke schneiden

Während der Backzeit die Erdbeeren waschen, putzen und halbieren | in eine Schüssel geben | zuckern und mit Zitronensaft beträufeln | etwa 30 Minuten marinieren

Tipp: Für die Karamellherstellung empfiehlt sich ein Topf mit schwerem Boden, der nicht größer sein sollte als die verwendete Herdplatte

Kalbsschnitzel mit Ziegenfrischkäse und Kichererbsen

300 g Kalbsschnitzel
120 g Ziegenfrischkäse
120 g Kichererbsen (Dose)
20 g Butter
2 TL Öl
(etwa 2/3 Distelöl und 1/3 Lachsöl)
8 g Vitamin Optimix Cooking

Das Kalbsschnitzel in Streifen schneiden und in der Butter vorsichtig braten | mit den pürierten Kichererbsen, dem Ziegenfrischkäse und dem Öl mischen

Kichererbsen

Kichererbsen zählen ebenso wie auch **Linsen, Erbsen** und **Bohnen** zu den Hülsenfrüchten. Hülsenfrüchte sind im Gegensatz zu anderen pflanzlichen Nahrungsmitteln vergleichsweise eiweißreich.

Bei bestimmten Indikationen können Hülsenfrüchte als alternative Eiweißquelle dienen, wenn auch die Qualität des Proteins stets geringer ist als die aus Nahrungsmitteln tierischen Ursprungs, wie Fleisch und Milchprodukte. Die höchste Eiweißqualität weist **Tofu** (Sojabohnenquark) auf.

Die Fütterung größerer Mengen an Hülsenfrüchten kann zu Verdauungsstörungen führen. Hülsenfrüchte dürfen nicht roh gefüttert werden. Sie enthalten verschiedene Schadstoffe, die erst durch das Kochen inaktiviert und unschädlich gemacht werden.

Butter

Butter in den Speiseplan des Hundes zu integrieren, ist keineswegs erforderlich. Die für den Hund essenziellen Fettsäuren vermag sie nicht bereitzustellen. Sie ist jedoch Geschmacksträger und Energielieferant, so dass sie in geringer Menge Rationsbestandteil sein darf, wenn die Akzeptanz verbessert oder die Kalorienzufuhr erhöht werden soll.

Pilze

Interessanterweise enthalten Pilze im Vergleich mit anderen pflanzlichen Nahrungsmitteln viel Vitamin D, insbesondere Steinpilze, Pfifferlinge und Champignons. Die wichtigste tierische Quelle für Vitamin D stellt jedoch fettreicher Fisch wie Lachs dar.

TIPP

Auch einige Pfifferlinge aus dem Menü dürfen angeboten werden. Speisepilze werden allerdings oft verschmäht – probieren Sie es aus

Menü 7

Melonen-Salat mit Parmaschinken

Zucchini-Risotto

Blaubeereis auf Ricotta-Talern

Risotto mit Ricotta, Zucchini und Ei

Melonen-Salat

mit Parmaschinken

Die Zwiebeln schälen und in dünne Streifen schneiden | in der Butter andünsten | mit dem Portwein ablöschen und etwas reduzieren

Die beiden Melonen von Schalen und Kernen befreien und das Fruchtfleisch in Würfel schneiden oder einen Teil als Kugeln ausstechen | hierbei von der Wassermelone etwa 4 EL des austretenden Saftes auffangen | etwa die Hälfte der Melonenstücke zu der Zwiebelmasse geben | mit dem Rotweinessig, der Hälfte des Olivenöles, dem Melonensaft, Salz und Pfeffer etwa 30 Minuten lang marinieren

Den Orangensaft zur Hälfte einkochen, das restliche Olivenöl unterrühren und leicht salzen | etwas abkühlen lassen

Zu der Zwiebel-Melonen-Mischung die restlichen, nicht marinierten Melonenstücke geben (so schmeckt es frischer) | den nur grob zerkleinerten Parmaschinken zugeben und den Salat mit der Orangenmarinade begießen | mit einigen Minzblättchen dekoriert anrichten

200 g Parmaschinken, hauchdünn geschnitten
½ Wassermelone
1 Honigmelone
1 Orange
2 rote Zwiebeln
2 TL Butter
200 ml Portwein
4 EL Rotweinessig
8 EL Olivenöl
4 EL Wassermelonensaft
1 Stiel Minze
Salz, Pfeffer aus der Mühle

Eine Vorspeise, die Lust macht auf mehr – funktioniert auch ohne Schinken

Zucchini-Risotto

350 g Zucchini
(bevorzugt kleiner Durchmesser)
2 Zwiebeln
2 Knoblauchzehen
1 Bund glatte Petersilie
½ Bund Thymian
1 Zweig Rosmarin
2 EL Butter
3 EL Olivenöl
250 g Risottoreis
750-800 ml Hühnerbrühe
1 EL Zitronensaft
Salz, frisch gemahlener Pfeffer
3 EL frisch geriebener Parmesan
(etwa 30-40 g)

Die Zucchini abspülen, längs halbieren und schräg in Scheiben schneiden | die Zwiebeln und den Knoblauch abziehen und fein hacken | die Kräuter waschen, gut trocken schütteln, die Blättchen von den Stielen pflücken und fein hacken | die Butter und 2 EL des Öles zusammen in einem flachen Topf erhitzen | Zwiebeln und Knoblauch darin andünsten | den Reis hinzufügen und bei mittlerer Hitze glasig dünsten | mit 100 ml der Hühnerbrühe und dem Zitronensaft aufgießen | die Flüssigkeit unter Rühren verkochen lassen, dann wieder etwas Brühe zugießen und bei kleiner Hitze kochen lassen, bis der Reis die Flüssigkeit aufgenommen hat | diesen Vorgang so oft wiederholen, bis die Brühe aufgebraucht und der Reis bissfest ist (insgesamt etwa 20-30 Minuten) | 5 Minuten vor Ende der Garzeit das restliche Öl in einer Pfanne erhitzen und die Zucchinischeiben darin kurz (3-4 Minuten) anbraten | das fertige Risotto mit Salz und Pfeffer abschmecken | den gehobelten Parmesan, die Zucchini und die gehackten Kräuter untermischen | sofort servieren

Öfter mal rühren und verkosten:
so wird's seidenweich und dennoch bissfest körnig

Das Eis ist im Nu zubereitet und …

… nicht nur für Kinder ein erfrischender Genuss

Blaubeereis auf Ricotta-Talern

Für die Ricotta-Taler die Eier trennen und das Eiweiß mit einer Prise Salz steif schlagen | die Eigelbe mit dem Zucker schaumig schlagen | Ricotta, Semmelbrösel und Vanillemark zugeben und verrühren | den Eischnee unterheben

Für den Zitronensirup die Schale einer unbehandelten Zitrone abreiben und den Saft auspressen | ein in dünne Streifen geschnittenes Stück der Zitronenschale zum Garnieren bewahren | Zitronenabrieb und Saft mit dem braunen Zucker zu einem Sirup einköcheln | abkühlen lassen

Das Butterschmalz in einer Pfanne erhitzen | von der Ricottamasse vier Nocken abstechen, in die Pfanne geben und zu runden Talern formen | bei mittlerer Hitze von beiden Seiten braten | die Taler auf Küchenpapier entfetten und etwas abkühlen lassen

Kurz vor dem Servieren die gefrorenen Blaubeeren zusammen mit dem Puderzucker in ein hohes Rührgefäß geben | mit der Milch-Sahne-Mischung auffüllen | mit dem Pürierstab oder Mixer zu einem cremigen Eis verarbeiten und sofort anrichten

Auf die etwas abgekühlten Ricottataler eine große Kugel Blaubeereis setzen, mit der Zitronenschale verzieren und mit dem Zitronensirup beträufeln

Für das Blaubeereis:

300 g Blaubeeren, tiefgefroren
60 ml Milch
60 ml süße Sahne
2 gestrichene EL Puderzucker

Für die Ricotta-Taler:

100 g Ricotta
50 g Semmelbrösel
2 Eier
1 EL Zucker
½ Vanilleschote
1 Zitrone, unbehandelt
2 EL brauner Zucker
Butterschmalz, Salz

Risotto mit Ricotta, Zucchini und Ei

80 g Risottoreis
220 g Ricotta
200 g Zucchini
2 Eier
20 g Parmesan
5 g Petersilie
2 TL Öl
(etwa 2/3 Distelöl und 1/3 Lachsöl)
8 g Vitamin Optimix Cooking

Den Risottoreis in etwas Öl glasig dünsten | wie im Menü beschrieben zubereiten, jedoch mit mehr Flüssigkeit (das 4-5 fache der Reismenge) und längerer Garzeit | anstelle von Fond Wasser verwenden | die Eier kochen und vierteln oder als Rührei zubereiten | Zucchini und Parmesan raspeln | die Petersilie fein hacken | den Reis mit den Zucchini- und Parmesanraspeln, dem Ricotta, den Eiern, der Petersilie und dem restlichen Öl mischen

Reis
Reis darf als stärkereiches Getreide in vielen Varianten Einzug in den Speiseplan des Hundes halten. Wird er besonders weich gekocht, ist er sehr gut verdaulich.

Neben der Verwendung von geschältem weißen Reis ist auch die Gabe von **Vollkornreis** möglich: Dieser ist nährstoff- und ballaststoffreicher. Auch die Verwendung von **Risottoreis** ist in Ordnung; er sollte ebenfalls mit viel Flüssigkeit sehr weich gekocht werden. **Milchreis** (Rundkornreis) sollte mit Wasser anstelle von Milch zubereitet werden.

Eine gute Alternative stellen **Reisflocken** dar. Durch den Herstellungsprozess wird die Stärkestruktur verändert und die Verdaulichkeit erhöht.
Reisflocken (30 g Flocken entsprechen etwa 100 g gekochtem Reis) sind auch für unterwegs eine beliebte Lösung, soll auf eine selbst zubereitete Ration nicht verzichtet werden.

Eier
Eier sind wertvolle Nährstofflieferanten und erfreuen sich einer hohen Akzeptanz. Das **Dotter** enthält viele essenzielle Fettsäuren und Vitamine. Gekocht verfüttert, sind Salmonellen nicht zu fürchten. Das **Eiklar** enthält wertvolles Protein. Allerdings auch einen Trypsinhemmstoff, welcher die Eiweißverdauung beeinträchtigt und zudem Avidin, das Biotin bindet und somit unverfügbar macht. Diese beiden Stoffe werden durch Erhitzen inaktiviert, daher sollte Eiklar immer gekocht oder gebraten gefüttert werden.
Die **Schale** besteht zu über einem Drittel aus Calcium und ist somit hervorragend geeignet, auf natürliche Weise Calcium zuzuführen. Hinsichtlich der Calciumversorgung sollte stets die gesamte Ration betrachtet werden, da zum Beispiel in Verbindung mit einem calciumreichen Mineralfutter oder einem Fertigfutter auch schnell ein Zuviel des Guten erreicht werden kann.

TIPP
Gerne darf auch **Wassermelone** aus dem Menü angeboten werden. Ein kalorienarmer Snack

Auf den **Parmaschinken** hingegen müssen Hunde verzichten, denn er besteht aus **rohem Schweinefleisch**

Menü 8

Gemüse-Frischkäse-Terrine mit Tomatenvinaigrette

Champagner-Käsefondue

Crêpes à l'orange

Speck mit Kartoffeln,
Zucchini und Käse

Gemüse-Frischkäse-Terrine

mit Tomatenvinaigrette

Für die Terrine:
2 mittelgroße Zucchini
1 kleine gelbe Paprikaschote
1 kleine rote Paprikaschote
1 Knoblauchzehe
1 Chilischote
450 g Doppelrahmfrischkäse
von festerer Konsistenz
oder auch Mascarpone

Für das Dressing:
3-4 mittelgroße Tomaten
1 EL Rotweinessig
4 EL Olivenöl
1 Zweig Majoran
2-3 Frühlingszwiebeln

Butter, Olivenöl, Salz, Pfeffer

Tipp: Man benötigt eine kleine Terrinenform mit einem Fassungsvermögen von etwa 400-500 ml Inhalt. Behelfen kann man sich auch mit einer Kastenform, dann sollte die doppelte Menge zubereitet werden oder bei nur halber Füllung eine „Begrenzung", zum Beispiel aus einem passgenau zugeschnittenen, in Folie gewickelten Stück Pappe gebastelt werden

Die Paprikaschoten halbieren und die Kerne entfernen | vorsichtig schälen | in Segmente schneiden, dicke Stellen entfernen und etwas flach drücken

In einer Pfanne etwas Olivenöl erhitzen und die Knoblauchzehe nur für ein zartes Aroma im Ganzen einlegen | die Paprikasegmente zugeben, mit Salz und Pfeffer würzen und einige Minuten bei geringer Hitze dünsten | auf Küchenpapier entfetten

Die Zucchini kalt abbrausen und mit einem Schäler möglichst breite und lange grüne Bänder abziehen, die zum Auskleiden der Form verwendet werden

Von der Zucchini mit dem Schäler nun weiße Bänder abziehen | in einem weiten Topf etwas Wasser zum Kochen bringen und leicht salzen | die weißen Bänder kurz blanchieren, herausnehmen und zum Trocknen nebeneinander auf ein Küchentuch legen | das Wasser noch einmal aufkochen, nun aber kräftig salzen und mit den grünen Bändern ebenso verfahren

Den Frischkäse mit einem kleinen Schneebesen aufschlagen | die Chilischote aufschneiden, die Kerne entfernen und das Fruchtfleisch sehr fein schneiden | unter den Käse rühren und mit Salz und Pfeffer würzen

Die Terrinenform mit Butter auspinseln und mit einer Klarsichtfolie so auskleiden, dass ein Überstand zum späteren Verschließen bleibt | mit den grünen Bändern den Boden und die seitlichen Wände der Form auskleiden: Mit dem ersten Band in der Mitte des Bodens der Schmalseite ansetzen, dieses an den Rand anlegen und zum späteren Verschließen über den Rand hinausragen lassen | das zweite Band gegenüber genauso anlegen, so dass sich die beiden Bänder am Boden etwas überlappen | mit den übrigen grünen Bändern leicht überlappend ebenso fortfahren, bis Boden und Wände ausgelegt sind | ein Fünftel der Käsemasse einfüllen und vorsichtig glatt streichen | die weißen Zucchinibänder entsprechend der Breite der Form zuschneiden und die Käseschicht damit bedecken | nun erneut eine dünne Schicht Käsemasse einfüllen, dann rote Paprika, wiederum Käse, die gelbe Paprika und Käse einschichten | die restlichen weißen Zucchinibänder zuschneiden und einfügen und mit der letzten Käseschicht bedecken | die Füllung mit den überstehenden grünen Bändern abdecken und unter vorsichtigem Druck mit der Klarsichtfolie verschließen | mindestens 8 Stunden kalt stellen

TIPP

Etwas einfacher ist es, nur eine einzige Schicht weiße Zucchini einzuarbeiten und nur vier statt fünf Käseschichten

Vor dem Servieren die Tomaten blanchieren und die Haut abziehen | vierteln und entkernen | die Innenseiten leicht salzen und mit dieser Seite auf Küchenpapier legen, um ein späteres Verwässern der Vinaigrette zu verhindern

Rotweinessig mit dem Olivenöl verrühren und mit Salz und Pfeffer würzen | die Majoranblättchen hacken, die Frühlingszwiebeln in feine Ringe schneiden und die Tomaten würfeln | vorsichtig mischen und mit dem Dressing begießen

Die Terrine stürzen und die Folie entfernen | mit einem Messer mit Wellenschliff (Sägemesser) in Scheiben schneiden und zusammen mit dem Tomatensalat anrichten

Champagner-Käsefondue

500 g Gruyère-Käse
500 g Vacherin oder Raclettekäse, schnittfest
500 ml Champagner oder Sekt, trocken
4 TL Speisestärke
5 cl Kirschwasser
1 Zehe Knoblauch
Butter
Muskat, Pfeffer

2 Frühlingszwiebeln
60 g Frühstücksspeck
1 kleine Knolle Schwarzer Trüffel (wer mag)

800 g möglichst kleine Kartoffeln, fest kochend
400 g Broccoli
1 Baguette
1 Bund glatte Petersilie

Die Knoblauchzehe schälen und den Fonduetopf damit ausreiben | beide Käsesorten grob raspeln, mit dem Champagner in den Fonduetopf geben und unter ständigem Rühren schmelzen lassen | die Speisestärke in dem Kirschwasser anrühren, unter die Käsemasse geben und kurz aufkochen | mit frisch geriebener Muskatnuss und Pfeffer aus der Mühle abschmecken

Den Frühstücksspeck in dünne Streifen schneiden und die Schalotten fein würfeln | in etwas Butter andünsten und zusammen mit dem gehobelten Trüffel in das Fondue geben.

Die Kartoffeln (eventuell mit Schale) kochen und je nach Größe halbieren oder vierteln | die Broccoli-Röschen gerade so lange blanchieren, dass sie noch bissfest sind | das Baguette würfeln

Den Fonduetopf auf ein Rechaud stellen | die Kartoffeln, den Broccoli und die gehackte Petersilie in Schälchen anrichten | die Brotwürfel bereitstellen | die Fonduegabeln wahlweise mit Brot und Broccoli oder Brot und Kartoffeln bestücken und in den Käse tunken | nach Belieben die frisch gehackte Petersilie auf die Häppchen streuen

Tipp: Nicht jedermann liebt den Geschmack von Trüffeln. Sie können auch separat zum Fondue gereicht werden

Fondue mit Phantasie: vielversprechend

Es duftet nach Orangen, Vanille und Karamell

Crêpes à l'orange

Für den Crêpeteig die Butter in einem Pfännchen goldbraun aufschäumen | Mehl mit Sahne, Milch und Eiern zu einem glatten Teig verrühren | die etwas abgekühlte Butter in dünnem Strahl unterrühren | eine Prise Salz zugeben | mit etwas Vanillezucker und Orangenabrieb aromatisieren | den Teig etwa 30 Minuten ruhen lassen

Für die Orangensauce den Saft zweier Orangen und einer Limette auspressen | in einer Sauteuse den Zucker langsam karamellisieren lassen und mit dem Saft der Früchte ablöschen | die Butter hinzufügen und die Sauce so lange köcheln lassen, bis der Zucker wieder gelöst ist | mit ein wenig Grand Marnier aromatisieren

Von den verbleibenden Orangen mit einem Schäler einige hauchdünne Schalenblättchen abziehen | mit einem scharfen Messer in etwa 1-2 mm dünne Julienne schneiden | kurz in kochendem Wasser blanchieren | herausnehmen, abtropfen lassen und beiseite stellen | beide Orangen mit einem scharfen Messer filetieren und die Filets in der noch warmen Sauce temperieren

Ein kleines Eierpfännchen (etwa 10 cm Durchmesser) mit Butter auspinseln | bei geringer Hitze etwa 1/8 des Crêpeteiges hineingeben, die Pfanne anheben und den Teig dünn verlaufen lassen | die Temperatur erhöhen und die Crêpe von beiden Seiten goldgelb backen | auf einem Teller, der auf einer Pfanne mit heißem Wasser liegt, warmhalten | die restlichen sieben Crêpes auf gleiche Weise backen

Die Crêpes einmal umklappen und je zwei in einem tiefen Teller anrichten | mit der warmen Orangensauce und den Filets umspielen | mit einem Löffelchen Crème fraîche, auf welchem die Julienne platziert werden, dekorieren

Für die Crêpes:
1 EL Mehl
1 Ei
75 ml süße Sahne
25 ml Milch
1 unbehandelte Orange
1 Vanillezucker
Salz

Für die Orangensauce:
2 Orangen
1 Limette
2 EL Zucker
1 EL Butter
Grand Marnier

Außerdem:
2 unbehandelte Orangen
2 EL Crème fraîche
Puderzucker zum Bestäuben

Speck mit Kartoffeln, Zucchini und Käse

230 g Kartoffeln
200 g Schinkenspeck
150 g Zucchini
100 g Crème fraîche
35 g Käse
2 TL Öl
(etwa 2/3 Distelöl und 1/3 Lachsöl)
8 g Vitamin Optimix Cooking

Die Kartoffeln schälen, sehr weich kochen und zerkleinern | den Schinkenspeck in dünne Streifen schneiden und zusammen mit der geraspelten Zucchini in etwas Distelöl braten (den Speck keinesfalls roh zugeben) | den Käse raspeln und mit der Crème fraîche verrühren | alles mischen und das Öl unterrühren

Speck

Keinesfalls roh gefüttert werden darf Speck, da von **rohem Schweinefleisch** das Risiko einer Infektion mit dem Aujeszky-Virus ausgehen kann, welche für Hunde und auch für Katzen tödlich verläuft. Das Virus wird durch Erhitzen zuverlässig inaktiviert, so dass gebratener oder gekochter Speck ohne Bedenken angeboten werden darf.

Bei zu Übergewicht neigenden Hunden sollte Speck aufgrund des hohen Kaloriengehaltes nur sparsam verwendet werden. Magerer Putenschinken kann hier eine Alternative sein.

Vorsicht, auch einige Schinkensorten sind rohe Schweinefleischprodukte. Kochschinken hingegen darf ohne Bedenken gefüttert werden.

Zucchini

Zucchini zählen neben **Möhren** auch bei Hunden zu den bevorzugten Gemüsesorten. Sie enthalten natürliche Ballaststoffe, werden in der Regel gerne gefressen und sind fast immer und überall erhältlich. Auch aufgrund des hohen Vitamin- und Wassergehaltes, des geringen Kaloriengehaltes und der leichten Verdaulichkeit sind sie so beliebt.
Zudem dürfen sie auf vielfältige Weise angeboten werden: roh in Stücken als kalorienarmer Snack oder geraspelt und püriert unter das Futter gemischt.
In gekochtem Zustand werden sie von Hunden oft besonders gerne gefressen.

Kürbisgewächse, zu denen auch Zucchini und **Salatgurken** zählen, können Bitterstoffe (Cucurbitacine) enthalten, die gesundheitsschädlich sind.
Bitter schmeckende Kürbisgewächse sollten daher (auch geschält und gekocht) weder von Mensch noch von Tier verzehrt werden.

Käse und Crème fraîche

Hartkäse und Crème fraîche liefern wie die meisten Milchprodukte wertvolle Aminosäuren (s. auch Menü 1). Hartkäse enthält besonders wenig Laktose.
Die Fettgehalte von Käse sind sehr unterschiedlich, so dass die Sorte gerne nach dem angestrebten Idealgewicht gewählt werden darf. Bei zu Übergewicht neigenden Hunden darf Crème fraîche durch Magerquark oder Magerjoghurt ersetzt werden.

Menü 9

Warmer Ziegenkäse auf Apfelscheiben

Entenbrust mit Cassissauce,

Kartoffel-Sellerie-Püree und glasierten Möhren

Schokoladentarte

Ente mit Kartoffeln,

Sellerie, Apfel und Mandeln

Warmer Ziegenkäse auf Apfelscheiben

Die Äpfel waschen und das Kerngehäuse ausstechen | in insgesamt acht etwa ½ bis 1 cm dicke Scheiben schneiden | mit dem Zitronensaft beträufeln | das Brot leicht toasten und Kreise von etwa sieben cm Durchmesser ausstechen | die Ziegenkäserolle in acht Taler schneiden | die Thymianblättchen abpflücken und hacken, einige Thymianzweige zur Garnierung aufbewahren | die Brotscheiben auf ein gebuttertes Backblech geben und jeweils mit einer Apfelscheibe und einem Käsetaler belegen | mit dem braunen Zucker und dem Thymian bestreuen | mit Pfeffer würzen und mit Butterflöckchen belegen | im vorgeheizten Ofen bei 220 Grad etwa 15 Minuten backen | zu Ende der Backzeit kurz den Grill zuschalten, um den Zucker zu karamellisieren

160 g Ziegenfrischkäse (Rolle)
2 feste, säuerliche, mittelgroße Äpfel
8 Scheiben Toastbrot
4 TL brauner Zucker
einige Stiele Thymian
Butter, Pfeffer aus der Mühle

Harmonisches Ensemble aus dem Backofen

Entenbrust mit Cassissauce, Kartoffel-Sellerie-Püree

Für Fleisch und Sauce:
3-4 Entenbrüste
Salz, Pfeffer, Curry,
Paprikapulver, Thymian
200 ml Geflügel- oder Entenfond
6-7 EL Cassis
3-4 EL Balsamico-Essig
1,5 EL Johannisbeergelee
Senf
Butterschmalz

Für das Püree:
500 g Kartoffeln
300 g Knollensellerie
80 g Butter
80 ml süße Sahne
Salz, weißer Pfeffer,
Muskat aus der Mühle

Für die glasierten Möhren:
600 g Möhren
1 unbehandelte Zitrone
40 g Butter
2 TL Zucker
Salz, Pfeffer

Für das Püree Kartoffeln und Sellerie schälen, grob würfeln und etwa 25 Minuten lang kochen | Kartoffel- und Selleriestücke abgießen | in dem noch heißen Topf die Butter schmelzen und mit der Sahne verrühren | Kartoffeln und Sellerie durch eine Kartoffelpresse in die Sahne-Butter-Mischung pressen und mit Salz und Muskat würzen

Die Möhren schälen und längs halbieren | in etwa 5 cm lange Stücke schneiden | in einer Sauteuse die Butter mit dem Zucker schmelzen und die Möhren etwa 3 Minuten darin andünsten | mit etwa 50 ml Wasser auffüllen und mit ein paar Tropfen Zitronensaft aromatisieren | bei geschlossenem Deckel je nach Dicke der Möhren und gewünschter Bissfestigkeit noch etwa 6-12 Minuten dünsten

Die Entenbrüste auf beiden Seiten mit einer Mischung aus Salz, Pfeffer, Curry, Paprika und Thymian einreiben | in einer großen Pfanne etwas Butterschmalz erhitzen und die Entenbrüste auf der Hautseite kurz scharf anbraten | die Temperatur etwas zurückschalten und noch etwa 12 Minuten weiterbraten | wenden und noch etwa 6 Minuten braten | aus der Pfanne nehmen und in Alufolie gewickelt warmstellen

Das überschüssige Fett abschöpfen und den Bratensatz mit dem Balsamico-Essig ablöschen | etwas einkochen lassen | Geflügelfond und Cassis zugeben und die Sauce weiter reduzieren (es dauert eine Weile) | das Johannisbeergelee unterrühren und noch kurz weiter köcheln lassen | mit Salz, Pfeffer und ein wenig Senf abschmecken

Die Entenbrüste in etwa 1-2 cm dicke Scheiben schneiden | mit der Sauce, dem Püree und den glasierten Möhren anrichten

und glasierten Möhren

Ein Teller voller zarter Delikatessen,
die aber ein gewisses Timing am Herd erfordern

Wer etwas widerstehen kann,

zehrt drei Tage lang von dieser Köstlichkeit

Schokoladentarte

Die Schokolade grob hacken und die Butter würfeln | im Wasserbad (das ist wichtig!) die Butter zusammen mit der Schokolade bei niedriger Temperatur schmelzen, dabei immer wieder umrühren | währenddessen die Eier mit dem Zucker zu einer dicklichen, hellen Creme schlagen bis der Zucker gelöst ist | die gemahlenen Mandeln unter die Eiermasse rühren | die etwas abgekühlte (auch dies ist wichtig) Schokoladenbutter nach und nach in die Eier-Mandelmasse rühren | eine Springform buttern und den Teig einfüllen | bei 170 Grad etwa 30 Minuten backen | den Rand von der Form lösen und auskühlen lassen | mit Puderzucker bestäuben und in schmale Stücke schneiden | mit etwas grob gehackter Schokolade anrichten

200 g Butter
200 g gute Schokolade
(und etwas Schokolade
zum Dekorieren)
200 g gemahlene Mandeln
200 g Zucker
4 Eier
etwas Butter zum Ausfetten
Puderzucker zum Bestäuben

TIPP

Wir empfehlen, 1/3 Vollmilch- und 2/3 Zartbitterschokolade zu verwenden, so wird die Tarte nicht zu süß und nicht zu herb

Ente mit Kartoffeln, Sellerie, Apfel und Mandeln

350 g Ente
145 g Kartoffeln
75 g Sellerie
75 g Apfel
8 g Mandeln, gemahlen
2 TL Öl
(etwa 2/3 Distelöl und 1/3 Lachsöl)
8 g Vitamin Optimix Cooking

Das Entenfleisch in Streifen schneiden und in dem Distelöl anbraten | die Kartoffeln schälen, in Stücke schneiden und sehr weich kochen | Sellerie und Apfel schälen und grob raspeln | alles mischen | die gemahlenen Mandeln und das Lachsöl unterheben

Ente

Entenfleisch enthält im Vergleich zu anderen Geflügelfleischsorten (s. Menü 4) einen höheren Fettanteil. Dies kann jedoch bei untergewichtigen Tieren oder im Rahmen einer Diät (zum Beispiel einer nierenschonenden Diät) von Vorteil sein.

Auch für eine Ausschlussdiät bei Vorliegen einer Futtermittelallergie (s. auch Menü 5) kann Entenfleisch als „neue" Proteinquelle geeignet sein, da Ente vergleichsweise selten in der Hundefütterung verwendet wird.

Obst

Zahlreiche Obstsorten werden von Hunden gerne gefressen und eignen sich als kalorienarmer, vitaminreicher Snack. Besonders beliebt sind bei vielen Hunden und deren Besitzern **Äpfel.** Das enthaltene Pektin kann sich zudem positiv auf die Darmgesundheit auswirken.

Neben Äpfeln dürfen auch **Birnen, Erdbeeren, Himbeeren, Blaubeeren, Brombeeren, Melonen, Kiwis** und sogar **Zitrusfrüchte** (s. Menü 11) angeboten werden. Selbst **Pflaumen** und **Pfirsiche** sind als Snack geeignet. Obstkerne und -steine müssen jedoch aufgrund ihres Gehaltes an Blausäure entfernt werden.

Auch **Bananen** sind sehr beliebt und liefern viel Kalium. Diese sind jedoch stärke- und kalorienreich und sollten – insbesondere bei zu Übergewicht neigenden Hunden – nur in Maßen gefüttert werden.

Keinesfalls gefüttert werden dürfen **Weintrauben** und **Rosinen**, welche bei Hunden Nierenversagen auslösen können.

Rezept aus einem kretischen Restaurant
und dankend nach diesem benannt

Spaghetti Pesto Plakures

Die Möhren schälen und in Scheiben schneiden | die Nüsse grob zerkleinern | den Käse in Stückchen schneiden | die Basilikumblätter abpflücken, abbrausen und trocken tupfen | den Knoblauch grob zerkleinern | alles im Mixer oder mit der Küchenmaschine klein hacken | das Olivenöl mit dem Zitronensaft vermischen und mit Salz und Pfeffer würzen | unter die Karotten-Käse-Nussmischung rühren und vorsichtig erwärmen

Die Spaghetti in reichlich gesalzenem Wasser bissfest kochen | abgießen und mit dem Walnusspesto anrichten | eventuell mit einem Basilikumblatt garnieren

200 g Spaghetti oder Tagliatelle

250 g Möhren
100 g Walnusskerne
180 g würziger Hartkäse
(oder 2/3 würziger Hartkäse, 1/3 Gouda)
250 ml Olivenöl
1 Stock Basilikum
1 Zehe Knoblauch
Saft einer Zitrone
Salz, Pfeffer

Lamm-Medaillons auf Blattspinat

Für den Spinat:
1 kg frischen Blattspinat
50 g Frühstücksspeck
2 EL Butter
1 Schalotte
1 Knoblauchzehe
Salz, Pfeffer, Muskat aus der Mühle

Den Spinat entstielen, in kaltem Wasser waschen und gut trocknen | die Zwiebel schälen, fein würfeln und den Speck in feine Streifen schneiden | in einer weiten Pfanne die Butter aufschäumen und die Schalottenwürfel zusammen mit den Speckstreifen andünsten | die geschälte Knoblauchzehe im Ganzen zugeben | den Spinat hinzufügen und bei größerer Hitze unter Rühren gerade so lange garen, bis er zusammenfällt und die Flüssigkeit verdampft ist | die Knoblauchzehe entfernen | mit Salz, Pfeffer und frischem Muskat würzen | zugedeckt warmstellen

Für das Lamm und die Sauce:
600 g Lammrückenfilet
2-3 EL Butter
100 ml Lammfond
100 ml Madeira
Gewürzmischung für Lamm

Das Lammrückenfilet in etwa 1,5 bis 2 cm dicke Medaillons schneiden und mit der Gewürzmischung würzen | in einer Pfanne die Butter aufschäumen und die Medaillons bei mittlerer Hitze von beiden Seiten vorsichtig goldbraun braten | während des Bratens immer wieder mit der Bratbutter übergießen | die Medaillons aus der Pfanne nehmen und warmstellen

Für die Sauce den Bratensatz mit dem Madeira und dem Fond ablöschen und bei größerer Hitze etwa um die Hälfte reduzieren | eventuell mit einigen kalten Butterstückchen binden (hierbei nicht mehr kochen) | vorsichtig abschmecken, wegen der Gewürzmischung im Bratensatz ist ein Nachwürzen selten erforderlich

Den Spinat auf vorgewärmte Teller geben und die Medaillons daraufsetzen | die Madeirasauce darüber träufeln und sofort servieren

Madeira verleiht dem Gericht seine besondere Note

Erst cremig, dann frisch, dann knusprig

Mascarponecreme
mit marinierten Erdbeeren

Die Erdbeeren waschen, abtropfen lassen und von den Stielen befreien | je nach Größe die Beeren halbieren oder vierteln | in eine Schüssel geben und mit dem Saft einer halben Limette (1-2 EL) sowie dem Zucker marinieren | vor dem Servieren etwa 20 Minuten ziehen lassen

Den Mascarpone mit dem Joghurt und dem Zucker verquirlen | den Abrieb und Saft einer halben Limette (etwa 1-2 EL) zugeben | das Mark der Vanilleschote auskratzen und unterrühren | die Sahne steif schlagen und unterheben

Aus der zweiten Limette vier Scheiben schneiden | das Baiser grob hacken | die Mascarponecreme in Gläser füllen und die marinierten Erdbeeren darüber geben | mit den Baiserstückchen bestreuen und je einer Limettenscheibe garnieren

Tipp: Das Baiser kann auch selbst hergestellt werden. Man verwende auf ein Eiweiß 50 g Zucker. Das Eiweiß wird sehr steif geschlagen und hierbei nach und nach der Zucker zugegeben. Auf ein mit Backpapier belegtes Blech werden mit zwei Löffeln Nocken gesetzt und diese bei etwa 100-120 Grad im Backofen 75 Minuten lang getrocknet

Für die Creme:
200 g Mascarpone
150 g Vollmilchjoghurt
100 g Zucker
180 ml süße Sahne
1 unbehandelte Limette
1 Vanilleschote

Für die marinierten Erdbeeren:
300 g Erdbeeren
1-2 EL Zucker
1 unbehandelte Limette
etwa 30 g Baiser zum Bestreuen

Überbackene Auberginen

Die Aubergine waschen, den Stiel entfernen und in 12 Scheiben schneiden | leicht salzen | in einer großen Pfanne 3 EL des Olivenöls erhitzen und die Auberginenscheiben darin von beiden Seiten jeweils etwa 4 Minuten anbraten | ein Backblech mit dem restlichen Olivenöl bepinseln | die gebräunten Auberginenscheiben nebeneinander auf das Blech legen | die Tomaten waschen und putzen und in 12 gleichmäßig dicke Scheiben schneiden | jeden Auberginentaler mit einer Tomatenscheibe belegen | mit frisch gemahlenem Pfeffer und etwas Salz würzen | zum Abschluss mit je einem Basilikumblatt und dem in Scheiben geschnittenen Mozzarella belegen | im vorgeheizten Backofen bei 200 Grad etwa 15 Minuten überbacken | jeweils 3 Auberginentürmchen auf einem Teller anrichten

1 Aubergine (350 g)
3 mittelgroße Tomaten (180 g)
250 g Mozzarella
4 EL Olivenöl
12 Basilikumblätter
Salz, schwarzer Pfeffer aus der Mühle

Als aromatische Vorspeise oder herrliche Beilage

Tipps: Zu den Grillspießen Baguette und einen grünen Salat reichen. Auch der Rucola-Brotsalat aus Menü 3 passt sehr gut

Mit den Zutaten Roggenbaguette und Rucola lassen sich schnell leckere Burger zubereiten: Man schneide Rinderfilet in nur 2-3 mm dünne Scheiben und lege sie kurz auf den Grill (evtl. zuvor in Olivenöl, Zitronensaft und Rosmarin mariniert). In der Zwischenzeit wird ein warmes Baguettestück aufgeschnitten, mit Olivenöl beträufelt und etwas Dijon-Senf bestrichen. Hierauf legt man einige Rucolablätter, das kurz gegrillte Fleisch und aromatisiert es mit Zitronensaft und Salz. Mit dem Brotdeckel darauf ein köstlicher Burger

Eine Freude für Vegetarier ist vielleicht eine Guacamole, die aus dem pürierten Fruchtfleisch von Avocados sowie Zitronensaft, Crème fraîche, Salz, Pfeffer und etwas Chili schnell zubereitet ist

Bunte Spieße vom Grill

Das Fleisch in 24 etwa 2 x 5 cm lange Streifen schneiden | auf jeden Fleischstreifen ein Salbeiblatt legen und einmal umklappen | die Fleisch-Salbei-Päckchen mit jeweils einer Scheibe Frühstücksspeck umwickeln

Paprika und Zucchini putzen, die Zwiebeln schälen und die Gemüse in Stücke oder Scheiben schneiden

Auf die Holzspieße abwechselnd je ein mit Speck umwickeltes Fleisch-Salbei-Päckchen, ein Paprikastück, eine Zwiebelscheibe und eine Zucchinischeibe stecken

Den Knoblauch fein hacken und mit dem Olivenöl vermischen | 4 Spieße in ein passendes Gefäß geben | mit der Hälfte des Knoblauchöles beträufeln und mit den Kräuterzweigen bedecken | die restlichen 4 Spieße darauf legen und mit dem übrigen Knoblauchöl beträufeln | kühl stellen und 2-3 Stunden marinieren | rundherum etwa 15-20 Minuten grillen, bis das Fleisch durchgegart und der Speck braun und knusprig ist

Für acht Spieße:

500 g Puten- oder Hühnerbrust
24 Scheiben
Frühstücksspeck (etwa 250 g)
1 Paprikaschote (200 g)
1 Zucchini (200 g)
4 rote Zwiebeln (130 g)
24 Salbeiblätter
3 Knoblauchzehen
4 EL Olivenöl
einige Zweige Rosmarin,
Thymian und Oregano

8 Holzspieße, etwa 15 cm lang

Für Beilagen oder Dips sind der Fantasie keine Grenzen gesetzt

Zitronentarte

Für den Mürbteig:
270 g Mehl
3 EL Zucker
150 g Butter

(getrocknete Hülsenfrüchte zum Blindbacken)

Für den Mürbteig das Mehl und den Zucker mischen | die kalte Butter in kleinen Stücken zugeben und alles zu Krümeln verarbeiten | 2 EL eiskaltes Wasser zugeben und rasch zu einem glatten Teig verkneten | mindestens 30 Minuten kühl stellen

Den Teig dünn ausrollen (am besten zwischen zwei Backpapieren) und in eine mit Backpapier ausgekleidete Spring- oder Tarteform einpassen, so dass ein Rand stehen bleibt | mit Backpapier belegen und das Blindbackgut einfüllen | im vorgeheizten Ofen bei etwa 180 Grad zunächst 10-12 Minuten backen | das Blindbackgut entfernen und weitere 10 Minuten fertig backen

Für die Zitronenfüllung:
200 ml frisch gepresster Zitronensaft (je nach Größe und Saftgehalt etwa 3 Zitronen)
190 g Zucker
200 ml süße Sahne
3 Eier

Während des Backens die Zitronenfüllung zubereiten | im heißen Wasserbad in einer Metallschüssel den Zitronensaft mit dem Zucker etwa 5 Minuten schlagen, bis sich der Zucker vollständig gelöst hat und die Masse leicht dicklich wird | die Eier mit einer Gabel verquirlen | Sahne und Eier zu dem Zitronensaft-Zucker-Gemisch geben und noch weitere 5 Minuten mit dem Handrührgerat im Wasserbad aufschlagen

Den Tarteboden aus dem Backofen nehmen und den Backofen auf 130-140 Grad zurückschalten | die Zitronencreme einfüllen und bei nun reduzierter Hitze noch etwa 25 Minuten backen | aus dem Ofen nehmen und auskühlen lassen

Tipp: Extra köstlich mit Crème fraîche und Zitronenjulienne. Unbehandelte Zitronen verwenden und vor dem Auspressen aus einem Teil der Schale Julienne, wie in Menü 8 beschrieben, herstellen. Die Tartestücke mit einem Löffelchen Crème fraîche und Julienne anrichten

Raffinierte Zitrus-Süße

Rind und Huhn

mit Tomate und Mozzarella

250 g Rindfleisch
250 g Hühnerfleisch
100 g Paprikaschote
100 g Tomaten
75 g Mozzarella
2 TL Öl
(etwa 2/3 Distelöl und 1/3 Lachsöl)
8 g Vitamin Optimix Cooking

Rindfleisch und Hühnerfleisch klein schneiden und entweder garen oder in dem Distelöl vorsichtig anbraten | die Paprikaschote halbieren, Strunk, Kerne und weiße Häute entfernen | in kleine Würfel oder Streifchen schneiden | die (reifen) Tomaten ebenfalls von Strunk und Stielansatz befreien und würfeln | den Mozzarella klein schneiden, alles mischen und das (restliche) Öl unterrühren

Nur die Frucht darf gefressen werden, der Strunk ist zu entfernen

Tomaten und Paprika

Tomaten und Paprika zählen wie auch **Kartoffeln** und **Auberginen** zu den Nachtschattengewächsen. Nachtschattengewächse enthalten zahlreiche toxische Substanzen, unter anderen das Alkaloid Solanin. Jedoch sind keineswegs alle Pflanzenteile giftig, sondern vorwiegend Blätter, Stängel, Triebe und auch unreife Früchte.
Das Fruchtfleisch reifer Tomaten und Paprikaschoten, ob gelb, grün oder rot, darf jedoch ohne Bedenken, auch roh, gefüttert werden.

Auch die Fütterung von **Kartoffeln** (nach Entfernen von Keimen und grünen Stellen) als stärke- und vitaminreicher Energielieferant ist durchaus möglich, allerdings nur in gekochtem Zustand (s. Menü 1).

Mozzarella

Mozzarella, entweder aus Kuhmilch oder aus Büffelmilch hergestellt, wird von vielen Hunden gerne gefressen und zählt wie viele andere Milchprodukte zu den hochwertigen Eiweißlieferanten. Der Fettanteil ist vergleichsweise hoch. Bei Hunden, die zu Übergewicht neigen, sollte daher Mozzarella durch Magerquark oder fettarmen Hüttenkäse ersetzt werden.

Zitrusfrüchte

Das Fruchtfleisch von Zitrusfrüchten, wie zum Beispiel von **Orangen, Mandarinen** oder **Grapefruits** darf Hunden angeboten werden, stößt jedoch meist auf geringe Akzeptanz.
Hunde sind im Gegensatz zu Menschen zur Vitamin C-Eigensynthese in der Leber fähig und daher auch nicht auf die Vitamin C-Zufuhr mit der Nahrung angewiesen. Eine Ausnahme stellen leberkranke Tiere dar. Hier kann eine Zugabe von Vitamin C (zum Beispiel in Form von Hagebuttenschalenpulver) sinnvoll sein.

Menü 12

Möhrensuppe

Gebeizter Lachs mit Dill-Senf-Creme

Schokoladenparfait mit Passionsfruchtsauce

Lachs mit Kartoffeln,
Möhren und Dill

Gut vorzubereiten.
Vor dem Servieren nur noch pürieren und vollenden

Möhrensuppe

Die Möhren schälen und kurz unter kaltem Wasser abbrausen | eine viertel Karotte beiseite legen, die übrigen Möhren in dünne Scheiben schneiden

Die Frühlingszwiebel fein würfeln | in einem großen Topf die Butter aufschäumen und die Zwiebelwürfel darin andünsten | die Karottenscheiben hinzufügen, mit etwas Zucker bestreuen und kurz mitdünsten | vorsichtig salzen | 400 ml des Fonds zugeben und zugedeckt bei mittlerer Hitze etwa 20-30 Minuten weich garen

Die Suppe fein pürieren, nach Belieben eventuell noch etwas Fond zugeben | noch einmal kurz aufkochen | 150 ml Sahne einrühren und mit Curry, Koriander und Cayennepfeffer würzen | mit etwas Zitronensaft aromatisieren

Aus dem beiseite gelegten Karottenstück etwa 2 mm kleine Würfelchen schneiden und kurz blanchieren | vor dem Servieren die restliche Sahne steif schlagen | die Suppe in vorgewärmte Teller füllen und mit einem Sahnehäubchen und den Karottenwürfelchen garnieren | sofort servieren

550 g Möhren
1 Frühlingszwiebel
400-500 ml Gemüsefond
200 ml süße Sahne
1 Zitrone (ersatzweise 1 Orange)
2 EL Butter
Koriander, gemahlen
Curry, Cayennepfeffer, Salz, Zucker

Gebeizter Lachs
mit Dill-Senf-Creme

Für den Lachs:
1,2 kg frischen Lachs mit Haut
(2 aufeinanderpassende Hälften
à 600 g, vollständig entgrätet)
½ Tasse grobes Meersalz
½ Tasse Zucker
3 EL weiße Pfefferkörner
2 Bunde Dill

(2 Gefrierbeutel)

Für die Creme:
4-6 EL mittelscharfer Senf
1 TL Senfpulver
3 EL Zucker
2 EL Weißweinessig
½ Tasse Sonnenblumen- oder Maiskeimöl
250 ml süße Sahne
1 Bund Dill

Als Beilage:
600-800 g Kartoffeln

In einer kleinen Schüssel das Meersalz, den Zucker und die Pfefferkörner mit dem fein gehackten Dill gut vermischen | die Beize auf eine der Lachshälften geben und die zweite Hälfte passgenau darauf setzen | den Lachs in einen passenden, nicht zu großen Gefrierbeutel geben und gut verschließen | in einen zweiten Gefrierbeutel legen und wiederum verschließen | das Lachspaket in ein flaches, offenes Gefäß geben und etwas beschweren | im Kühlschrank für 48-60 Stunden beizen | mehrmals im Abstand von etwa 12 Stunden wenden

Vor dem Servieren die Kartoffeln kochen und die Sauce zubereiten | den Senf mit dem Senfpulver, dem Zucker, dem Essig und dem Öl mit einem Schneebesen verrühren | den gehackten Dill zugeben | die Sahne steif schlagen und unterheben

Den Lachs nach zwei Tagen des Beizens aus den Beuteln nehmen, den Sud verwerfen und den Lachs mit Küchenpapier leicht trockentupfen | mit einem Messer schräg in dünne Scheiben ohne Haut aufschneiden (es gelingt am besten mit einem Lachsmesser) | mit den Kartoffeln und der Dill-Senf-Creme anrichten

Marinieren: die Zeit wirkt Wunder

Schokoladenparfait

mit Passionsfruchtsauce

Für das Schokoladenparfait:
250 ml süße Sahne
120 g gute Zartbitterschokolade
(oder 80 g Zartbitter- und
40 g Vollmilchschokolade)
4 Eigelbe
4 EL Zucker
2 TL Vanillezucker
1 EL Grand Marnier

Für die Passionsfruchtsauce:
12 reife Passionsfrüchte
Wasser, Zucker

Für das Parfait die Schokolade grob zerkleinern und im Wasserbad schmelzen | die Eigelbe mit dem Zucker und dem Vanillezucker zu einer dicklichen Creme schlagen, bis der Zucker vollständig gelöst ist | mit Grand Marnier aromatisieren | die geschmolzene und abgekühlte Schokolade unter die Eier-Zucker-Masse rühren | die Sahne steif schlagen und unterheben | in ein verschließbares Gefäß füllen und mindestens 6 Stunden lang tiefgefrieren

Für die Passionsfruchtsauce die Früchte halbieren | Saft und Kerne mit einem Teelöffel herauslösen und in einen Messbecher füllen | pro 100 ml Saft und Kerne 50 ml Wasser und 1 EL Zucker zugeben | diese Mischung kurz aufkochen, in ein Döschen füllen und kühl stellen

Tipp: Je schrumpeliger die Früchte, desto reifer und safthaltiger. Die Fruchtsauce ist gekühlt gut ein bis zwei Tage aufzubewahren. Sie lässt sich aber auch hervorragend tiefgefrieren, möchte man sie zusammen mit dem Schokaladenparfait bevorraten

*Passion heißt Leidenschaft –
mehr Worte braucht es nicht*

Lachs mit Kartoffeln, Möhren und Dill

340 g Lachs
260 g Kartoffeln
200 g Möhren
40 ml Sahne
8 g Dill
1 Prise Salz
2 TL Öl
(etwa 2/3 Distelöl und 1/3 Lachsöl)
8 g Vitamin Optimix Cooking

Die Kartoffeln schälen, zerteilen und sehr weich kochen | die Möhren putzen und raspeln | den Lachs in Stücke schneiden und dünsten oder in etwas Öl vorsichtig braten | den Lachs mit den Kartoffeln und den Möhrenraspeln mischen | die Sahne mit dem Dill, dem Salz und dem Lachsöl verrühren und unterheben

Tipp: Die Sahne kann durch die vierfache Menge an Joghurt ersetzt werden

Lachs

Lachs ist auch für Hunde eine schmackhafte und gesunde Delikatesse. Der Fisch zeichnet sich durch seinen hohen Gehalt an Vitamin D, einem fettlöslichen Vitamin, aus. Vitamin D erfüllt zahlreiche Funktionen und ist maßgeblich an der Regulation des Calciumspiegels im Blut und des Knochenstoffwechsels beteiligt.

Schon knapp 40 g Lachs decken den Bedarf eines 25 kg schweren Hundes an Vitamin D. Der Bedarf heranwachsender Hunde ist höher als der ausgewachsener Hunde. Ebenso wie ein Mangel an Vitamin D sollte jedoch auch eine erhebliche Überversorgung vermieden werden.

Darüber hinaus enthält Lachs, wie auch andere fettreiche Meeresfische, wertvolle Omega-3-Fettsäuren, insbesondere Eicosapentaensäure (EPA) und Docosahexaensäure (DHA). Die Omega-3-Fettsäuren wirken entzündungshemmend und können auch das Immunsystem und den Gelenkstoffwechsel positiv beeinflussen. Besonders konzentriert kommen diese Fettsäuren in Lachsöl vor, welches auch in Form von Kapseln gefüttert werden kann.

Schokolade

Auf Schokolade müssen Hunde leider verzichten. Das enthaltene Theobromin ist für Hunde toxisch und kann je nach Menge zu schweren Vergiftungserscheinungen und sogar zum Tode führen.
Die Theobromin-Konzentration hängt von der Schokoladensorte ab:
Den höchsten Gehalt weist getrockneter Kakao selbst auf, gefolgt von dunkler Schokolade und Milchschokolade. Lediglich weiße Schokolade enthält nahezu kein Theobromin.

Anhang

Kochen für Hunde

Die im Rahmen der Menüs notierten Rezepte für den Hund sind jeweils für ein Körpergewicht von 25 Kilogramm berechnet und decken den Tagesbedarf an Kalorien und an allen Nährstoffen. Die Rezepte für Hunde verschiedener Gewichtsklassen folgen in den Tabellen.

Der Kalorienbedarf jeden Hundes ist individuell und hängt von vielen Faktoren ab, so auch von Aktivität, Alter und Rasse. Wir sind in unseren Rezeptberechnungen jeweils von dem durchschnittlichen Bedarf ausgegangen.

Die Verträglichkeit einer selbst zubereiteten Ration kann wie nach jeder abrupten Futterumstellung (zum Beispiel bei vorheriger Trockenfuttergabe) beeinträchtigt sein. Wir empfehlen daher, insbesondere bei verdauungssensiblen Hunden, grundsätzlich jede Futterumstellung vorsichtig vorzunehmen.
Die Umstellung sollte nach und nach durch Mischen mit dem gewohnten Futter erfolgen.

Hunde haben einen sehr hohen Bedarf an Mineralstoffen und Vitaminen, der allein durch eine abwechslungsreiche Ernährung kaum gedeckt werden kann. Es sei denn, Sie ergänzen die fehlenden Nährstoffe täglich durch Eierschalen (Calcium), Seealgen (Jod), Lebertran (Vitamin D), Blut (Eisen), Niere (Zink), Leber (Vitamin A und Kupfer), Knochenmehl (Calcium und Phosphor) und einiges andere. Um Über- und Unterversorgungen zu vermeiden, sollten Kochrezepte wenn möglich nach einer Rationsberechnung zubereitet werden, die viele Tierärzte und Institute anbieten.

Eine einfache Möglichkeit, fehlende Nährstoffe zu ergänzen, bietet die tägliche Zugabe eines passenden Mineral- und Vitaminpulvers.

Vitamin Optimix Cooking wurde zur Ergänzung selbst zubereiteter Rationen konzipiert und in unseren Berechnungen berücksichtigt. Selbstverständlich kann auch jedes andere passende Produkt verwendet werden.

Wenn Sie nur gelegentlich für Ihren Hund kochen möchten (nicht häufiger als einmal wöchentlich) und ansonsten ein Alleinfutter verwenden, welches ausreichend Mineralien und Vitamine enthält, ist eine Nährstoffergänzung nicht notwendig.

Möchten Sie jedoch häufiger oder gar regelmäßig selbst gekochtes Futter anbieten, ist eine tägliche Ergänzung mit Mineralien und Vitaminen erforderlich.

Wir haben diese Möglichkeit für Ihren Hund berechnet. In den Rezepttabellen im Anhang finden Sie nicht nur jedes einzelne der zwölf Rezepte für verschiedene Gewichtsklassen (von 5 bis 50 kg Körpergewicht), Sie erhalten auch eine konkrete Empfehlung, womit und in welcher Dosierung fehlende Mineralien und Vitamine ergänzt werden können. Das Mineral- und Vitaminpulver sollte immer gut unter die abgekühlte Ration gemischt werden.

Alle Rezeptempfehlungen decken den Nährstoffbedarf eines erwachsenen, gesunden Hundes und sind mit passender Nährstoffergänzung auch für die langfristige Fütterung geeignet.

Hunde, die sich im Wachstum befinden, und ältere Tiere haben einen anderen Nährstoffbedarf. Auch bei Tieren mit bestimmten Erkrankungen sind besondere Anforderungen an die Ernährung zu berücksichtigen. Unsere Empfehlungen beziehen sich daher nur auf erwachsene, gesunde Hunde.

Kohlenhydratreiche Lebensmittel wie Kartoffeln, Reis oder Nudeln sollten immer sehr weich (etwa 15 Minuten länger als für den menschlichen Verzehr) gekocht werden. Die Angaben für Nudeln, Reis und Kartoffeln beziehen sich auf das Rohgewicht.

Wir empfehlen, Fleisch grundsätzlich gekocht oder angebraten zu füttern, um ein mögliches Infektionsrisiko mit Bakterien, Viren oder Parasiten zu minimieren.

Die für den Hund essenziellen Fettsäuren werden in unseren Rezepten über Distelöl und Lachsöl abgedeckt. Bitte erhitzen Sie das Lachsöl nicht, um die wertvollen Omega-3-Fettsäuren zu erhalten. Möchten Sie das Fleisch anbraten, darf hierzu gerne das Distelöl verwendet werden.

Welche Gemüsesorten gekocht werden sollten oder auch roh gefüttert werden dürfen, erfahren Sie in den Zubereitungsempfehlungen und in den Informationen.

Einige Lebensmittel, die wir gerne genießen und auch genießen dürfen, sind für unsere Hunde unverträglich oder gar giftig. Auch hierüber mehr in den Informationen.

Wir wünschen Ihnen Freude bei der Zubereitung und Ihrem Liebling, dass es schmeckt.

Rezepttabellen

Die in den Menüs beschriebenen Rezepte decken den Tagesbedarf eines ausgewachsenen Hundes mit einem Körpergewicht von 25 kg. Nachfolgend finden Sie alle Rezepte für verschiedene Gewichtsklassen berechnet.

Rezept aus Menü 1 – Rindfleisch mit Kartoffeln, Frischkäse und Kräutern

Körpergewicht in kg	5	10	15	20	25	30	40	50
Rindfleisch (z.B. Hackfleisch)	100	170	240	300	350	400	500	590
Kartoffeln	70	110	150	190	230	260	330	380
Frischkäse	10	15	20	25	30	35	40	50
Kräuter (Petersilie, Dill)	4	8	10	13	15	17	20	25
Öl (2/3 Distelöl, 1/3 Lachsöl)	2	3	4	5	6	7	9	10
Vitamin Optimix Cooking	2,5	4	5,5	7	8	9	11,5	13,5

1 TL Öl entspr. etwa 3 g

Alle Mengen in Gramm

1 EL frische Kräuter entspr. etwa 10 g

Rezept aus Menü 2 – Seeteufel mit Nudeln, Speck und grünen Bohnen

Körpergewicht in kg	5	10	15	20	25	30	40	50
Spaghetti	30	50	70	80	100	110	140	170
Seeteufel	75	120	170	210	250	290	350	450
Grüne Bohnen	45	75	100	130	150	170	210	250
Speck	30	55	75	90	110	130	160	180
Crème fraîche	15	25	35	40	50	60	70	90
Öl (2/3 Distelöl, 1/3 Lachsöl)	2	3	4	5	6	7	9	10
Vitamin Optimix Cooking	2,5	4	5,5	7	8	9	11,5	13,5

1 TL Öl entspr. etwa 3 g

Alle Mengen in Gramm

Rezept aus Menü 3 – Kürbis mit Ei, Brot und Käse

Körpergewicht in kg	5	10	15	20	25	30	40	50
Kürbis	80	130	170	220	260	300	370	440
Ei (Vollei ohne Schale)	50	50	100	100	150	150	200	250
Roggenbaguette	45	80	100	130	150	170	210	250
Saure Sahne	30	50	70	85	100	115	140	170
Grünkohl oder Wirsing	30	50	70	85	100	115	140	170
Gruyère	5	10	15	20	20	25	30	35
Honig	1	2	3	3	4	5	6	7
Öl (2/3 Distelöl, 1/3 Lachsöl)	2	3	4	5	6	7	9	10
Vitamin Optimix Cooking	2,5	4	5,5	7	8	9	11,5	13,5

1 TL Öl entspr. etwa 3 g

Alle Mengen in Gramm

1 Ei (ohne Schale) entspr. etwa 50 g

1 TL Honig entspr. etwa 8 g

Rezept aus Menü 4 – Hühnchen mit Reisnudeln und Gemüse

Körpergewicht in kg	5	10	15	20	25	30	40	50
Hühnerbrustfilet	80	140	185	230	270	310	380	450
Reisnudeln	15	20	30	40	45	50	65	75
Feta	20	35	50	60	70	80	100	120
Salatgurke	15	25	35	45	50	60	70	85
Paprikaschote	15	25	35	45	50	60	70	85
Erdnüsse, gemahlen	3	5	7	9	10	12	14	17
Öl (2/3 Distelöl, 1/3 Lachsöl)	2	3	4	5	6	7	9	10
Vitamin Optimix Cooking	2,5	4	5,5	7	8	9	11,5	13,5

1 TL Öl entspr. etwa 3 g

Alle Mengen in Gramm

1 gestrichener TL gemahlene Nüsse entspr. etwa 3 g

Rezept aus Menü 5 – Wild mit Nudeln, Ei und Rote Beete

Körpergewicht in kg	5	10	15	20	25	30	40	50
Wildfleisch	120	200	270	340	400	460	570	670
Nudeln	30	50	70	80	100	120	140	170
Eiklar	35	35	70	70	70	70	105	105
Suppengemüse (Möhren, Sellerie)	30	50	70	85	100	120	140	170
Rote Beete	15	25	35	40	50	60	70	80
Öl (2/3 Distelöl, 1/3 Lachsöl)	2	3	4	5	6	7	9	10
Vitamin Optimix Cooking	2,5	4	5,5	7	8	9	11,5	13,5

1 TL Öl entspr. etwa 3 g

1 Eiklar entspr. etwa 35 g

Alle Mengen in Gramm

Rezept aus Menü 6 – Kalbsschnitzel mit Ziegenfrischkäse und Kichererbsen

Körpergewicht in kg	5	10	15	20	25	30	40	50
Kalbsschnitzel	90	150	200	250	300	350	430	500
Ziegenfrischkäse	35	60	80	100	120	135	170	200
Kichererbsen (Dose)	35	60	80	100	120	135	170	200
Butter	6	10	14	17	20	25	30	35
Öl	2	3	4	5	6	7	9	10
Vitamin Optimix Cooking	2,5	4	5,5	7	8	9	11,5	13,5

1 TL Öl entspr. etwa 3 g

Alle Mengen in Gramm

Rezept aus Menü 7 – Risotto mit Ricotta, Zucchini und Ei

Körpergewicht in kg	5	10	15	20	25	30	40	50
Risottoreis	25	40	60	70	80	95	120	140
Ricotta	65	110	150	180	220	250	310	370
Zucchini	60	100	140	170	200	230	280	340
Ei (ohne Schale)	50	50	50	100	100	100	150	150
Parmesan	5	10	15	17	20	25	30	35
Petersilie	1	2	3	4	5	6	7	8
Öl (2/3 Distelöl, 1/3 Lachsöl)	2	3	4	5	6	7	9	10
Vitamin Optimix Cooking	2,5	4	5,5	7	8	9	11,5	13,5

1 TL Öl entspr. etwa 3 g

Alle Mengen in Gramm

1 Ei (ohne Schale) entspr. etwa 50 g

1 gestrichener TL gemahlener Parmesan entspr. etwa 3 g

1 TL gehackte Petersile entspr. etwa 2 g

Rezept aus Menü 8 – Speck mit Kartoffeln, Zucchini und Käse

Körpergewicht in kg	5	10	15	20	25	30	40	50
Kartoffeln	70	110	150	190	230	260	330	380
Schinkenspeck	60	100	135	170	200	230	290	340
Zucchini	45	75	100	130	150	170	210	250
Crème fraîche	30	50	70	85	100	115	140	170
Käse	10	20	25	30	35	40	50	60
Öl (2/3 Distelöl, 1/3 Lachsöl)	2	3	4	5	6	7	9	10
Vitamin Optimix Cooking	2,5	4	5,5	7	8	9	11,5	13,5

1 TL Öl entspr. etwa 3 g

Alle Mengen in Gramm

Danke

an unsere Freunde und Familien, die uns auf so vielfältige Weise unterstützt haben. Sie haben uns ihre Rezepte zur Verfügung gestellt und ihre Hunde als Modelle. Sie haben mitgekocht, verkostet und Anregungen gegeben. Nachgekocht und ausprobiert. Fotos ausgewählt und Texte korrigiert. Vergessene Zutaten mal eben schnell vorbeigebracht. Sogar juristischen Rat erteilt und Kräuter in ihren Gärten gepflückt.

Danke für die schönen Erlebnisse, das viele Lachen (Kochen bereitet Freude!) und die stetige Ermutigung, unsere lange währende Idee doch endlich umzusetzen.

Susanne und Natalie

Lieblingsrezepte A-Z

Stichwortregister

Stichwortregister

Wichtiger Hinweis:
Alle Ratschläge und Empfehlungen in diesem Buch wurden sorgfältig erarbeitet und in der Praxis erprobt. Für eventuelle Reaktionen bei Hunden, die aus der Umsetzung der gegebenen Hinweise resultieren (z.B. allergische Reaktionen, Durchfall, Erbrechen) kann keinerlei Haftung übernommen werden.
Ebenso kann trotz sorgfältiger Prüfung keine Haftung übernommen werden für etwaige Tippfehler in den Rezeptempfehlungen.

Herausgeber: Dr. Natalie Dillitzer

Bildnachweis:
Dr. Susanne Schumacher
Hundesilhouetten: © fotolia | ratkom und vvalentine

Redaktion und Lektorat: Dr. Susanne Schumacher und Eva Döhla
Covergestaltung und Buchlayout, Satz: Sara Hoffmann-Cumani und Dr. Susanne Schumacher
Druck und Bindung: Humbach & Nemazal Offsetdruck GmbH, Pfaffenhofen/Ilm
Schrift: Myriad Pro und Mlama von Linus Romer
Dieses Buch ist auf FSC®-zertifiziertem Papier aus nachhaltiger Waldwirtschaft gedruckt.

FSC www.fsc.org RECYCLED Papier aus Recyclingmaterial FSC® C092779

 | 1. Auflage 2016
ISBN 978-3-9817098-1-0

Leserservice

Alle Angaben sind sorgfältig zusammengetragen und überprüft. Ob es gelungen ist, diese klar verständlich und praxisnah wiederzugeben, können nur Sie entscheiden. Wir alle, die an diesem Buch mitgearbeitet haben, würden uns daher über Ihre Rückmeldung freuen. Ob Lob, Kritik oder sonstige Anmerkungen – Ihre Meinung ist uns wichtig. Nur so können wir die nächste Auflage noch besser gestalten.

Kontakt:
Futtermedicus – individuell füttern
Ernährungsberatung für Hunde und Katzen
Dr. med. vet. Natalie Dillitzer
Fachtierärztin für Tierernährung und Diätetik
Dachauer Straße 47
82256 Fürstenfeldbruck
Telefon: 08141/88 89 30
Telefax: 08141/88 89 329
Email: info@futtermedicus.de
www.futtermedicus.de